Friedhelm Heitmann / Dorle Roleff-Scholz

Biologie im Spiel

Band 3: Zoologie

Mit Kopiervorlagen

Auer Verlag GmbH

Gedruckt auf umweltbewusst gefertigtem, chlorfrei gebleichtem
und alterungsbeständigem Papier.

1. Auflage. 2005

Illustrationen: Malte Müller
Satz: Fotosatz H. Buck, Kumhausen
Druck und Bindung: Ludwig Auer GmbH, Donauwörth
ISBN 3-403-0**4372**-X

Inhaltsverzeichnis

Vorwort

Spiele sind eine Bereicherung für den schulischen Unterricht wie überhaupt für das menschliche Leben!

In spielerischer Weise lässt sich lernen und Unterrichtsstoff vermitteln. Spiele eignen sich besonders zur Wiederholung und Festigung von Unterrichtsstoff, können aber auch in anderen Phasen des Unterrichts, wie z. B. als Einstieg in ein neues Thema, genutzt werden. Im spielerischen Wettkampf macht den Schülerinnen und Schülern die Auseinandersetzung mit den Unterrichtsinhalten mehr Spaß; und wer mit Spaß bei der Sache ist, ist auch aufnahmefähig und offen für neue Herausforderungen.

Vor diesem Hintergrund wurde die vorliegende, aus 12 sehr unterschiedlichen Spielen bestehende Spielesammlung konzipiert, die sich mit der Welt der Tiere befasst. Ziel ist es, in spielerischer Form das Grundwissen über Tiere zu vermitteln, zu festigen oder sich nach vorheriger Wissensaneignung, z. B. über die Themen Nahrungsbeziehungen, Artenschutz und Tierschutz, in Rollenspielen und Diskussionsrunden auseinander zu setzen.

Die 12 Spiele sind in ihren Regeln unkompliziert. Pro Spiel werden mehrere Spielvariationen angeführt, auf die zur Abwechslung zurückgegriffen werden kann. Während des Spielens werden die Spielerinnen und Spieler gewiss weitere Spielideen entwickeln, die ebenfalls noch integriert werden können. Die Inhalte der Spiele sind im Schwierigkeitsgrad modifizierbar, meistens können Erweiterungen vorgenommen oder die Spielidee auf ein anderes Thema übertragen werden; hierfür sind den einzelnen Spielen Blanko-Vorlagen beigefügt.

Wenn im Folgenden von „dem Lehrer" und „dem Spieler" oder „dem Spielleiter" gesprochen wird, so sind selbstverständlich gleichsam männliche und weibliche Personen gemeint. Aus stilistischen Gründen wurde auf die differenzierte Formulierung verzichtet.

Dieser Spieleband ist für die Sekundarstufe I konzipiert und lässt sich, je nach Kenntnisstand und Leistungsvermögen der Schülerinnen und Schüler, sowohl im binnendifferenzierten als auch fächerübergreifenden Unterricht einsetzen.

Kommen wir nunmehr zu den einzelnen Spielen! Wir wünschen allen, die diese Sammlung verwenden, ereignisreiche und interessante Spielstunden!

Friedhelm Heitmann *Dorle Roleff-Scholz*

1. Tiere – ein Namenspiel

Spielerzahl:

ab 2 Spielern/Teams

Spielmaterialien:

- pro Spieler/Team 1 Stift, 1 Antwortblatt (Antwortblatt 1, S. 6 oder Antwortblatt 2, S. 8)
- für den Spielleiter 1 Uhr, evtl. Lösungsblätter (S. 7 oder S. 9), evtl. 1 Stift und Blanko-Papier bzw. Kreide und Wandtafel zum Notieren der von den einzelnen Spielern/Teams erzielten Punkte

Spielregeln:

Zu Beginn der vorliegenden Spielesammlung soll ein Spiel vorgestellt werden, das dem wohl bekannten Spiel „Stadt – Land – Fluss …" ähnelt. Gespielt wird wie dort. Ein Spielleiter wird ausgewählt, der laut „A" sagt und dann im Stillen das gesamte Alphabet durchgeht. Ein Mitspieler ruft „Stopp" und der entsprechende Buchstabe wird genannt. Mit diesem Buchstaben oder dem anderen, der auf dem Spielplan in dieser Zeile ebenfalls aufgeführt ist (A bzw. B, C bzw. D, …) müssen die Spieler/Teams innerhalb einer vereinbarten Zeit (z. B. 3 Minuten) Tiernamen zu den vorgegebenen Anfangsbuchstaben finden und die jeweilige Zeile im Spielplan möglichst schnell füllen. Diese Tiernamen müssen bei Antwortblatt 1 (S. 6) außerdem aus einer bestimmten Anzahl von Buchstaben (3, 4, 5, 6, 7 oder 8 Buchstaben) bestehen.

Am Ende jeder Spielrunde kommt es zur Punktvergabe. Dazu werden ggf. (zur Kontrolle!) zwischen den Spielern/Teams die Antwortblätter vorübergehend ausgetauscht. Für jeden richtig aufgeschriebenen Tiernamen erhält der jeweilige Spieler/das jeweilige Team 1 Punkt. 2 Punkte gibt es, wenn der notierte richtige Tiername von keinem Spielgegner genannt worden ist.

Spielsieg:

Wer nach 12 Spielrunden die meisten Punkte besitzt, hat gewonnen.

Spielvariationen:

- Das Spiel wird mit dem Antwortblatt 2 (S. 8) gespielt. Hierbei geht es darum, Tiere mit passenden Anfangsbuchstaben auch den systematisch richtigen Tiergruppen zuzuordnen.
- Jeder Spieler/jedes Team hat die beiden Antwortblätter (S. 6 und S. 8) ohne Spielunterbrechungen innerhalb einer vorgegebenen Zeit bis zur Punktevergabe vollständig auszufüllen.
- Das Spiel wird ohne Antwortblatt ausgetragen. Pro Spielrunde gibt der neutrale Spielleiter (z. B. der Lehrer) jeweils 1, 2 oder 3 Anfangsbuchstaben vor, zu dem/denen die Spieler/Teams der Reihe nach oder bei gleichzeitigem Antwortrecht mündlich Tiernamen nennen müssen. Wer (zuerst) einen zutreffenden Tiernamen ruft, bekommt einen Punkt.
- Aus der Blanko-Vorlage (S. 10) lassen sich Antwortblätter mit anderen Klassifizierungen herstellen, z. B. können Tiere Kontinenten (Afrika, Australien, …) oder Lebensräumen (Wald, Wiese, Süßwasser, Luft, …) zugeordnet werden.

1. Tiere: **Antwortblatt 1**

Anfangs-buchstaben	Tiername mit 3 Buchstaben	Tiername mit 4 Buchstaben	Tiername mit 5 Buchstaben	Tiername mit 6 Buchstaben	Tiername mit 7 Buchstaben	Tiername mit 8 Buchstaben	Erzielte Punktzahl
A oder B							
C oder D							
E oder F							
G oder H							
I oder J							
K oder L							
M oder N							
O oder P							
Q oder R							
S oder T							
U oder V							
W oder Z							
Spieler/Team:					**Gesamtpunktzahl:**		

1. Tiere: **Lösungsbeispiele 1**

Anfangs-buchstaben	Tiername mit 3 Buchstaben	Tiername mit 4 Buchstaben	Tiername mit 5 Buchstaben	Tiername mit 6 Buchstaben	Tiername mit 7 Buchstaben	Tiername mit 8 Buchstaben	Erzielte Punktzahl
A oder B	Aal	Affe	Biber	Auster	Bussard	Blutegel	
C oder D	Duk[1]	Dodo[2]	Dachs	Dorsch	Drossel	Dromedar	
E oder F	Emu	Elch	Fuchs	Eisbär	Elefant	Eidechse	
G oder H	Gnu	Hase	Hecht	Gepard	Giraffe	Graugans	
I oder J	Jak	Igel	Iltis	Jaguar	Impala	Jagdhund	
K oder L	Kea[3]	Kiwi[4]	Kamel	Leguan	Leopard	Krokodil	
M oder N	Moa[5]	Maus	Mungo[6]	Narwal	Nashorn	Nilpferd	
O oder P	Olm	Puma	Pferd	Ozelot	Pinguin	Perlhuhn	
Q oder R	Reh	Rabe	Ratte	Qualle	Reblaus	Raubmöwe	
S oder T	Sau	Star	Tiger	Storch	Termite	Truthahn	
U oder V	Uhu	Unke	Viper	Vampir	Urvogel	Vielfraß	
W oder Z	Wal	Wolf	Zobel	Wiesel	Wachtel	Windhund	
Spieler/Team:				**Gesamtpunktzahl:**			

[1] asiatische Meerkatze [2] ausgestorbener, flugunfähiger, truthahngroßer Vogel [3] neuseeländischer Papagei [4] flugunfähiger, hühnergroßer Laufvogel Neuseelands [5] ausgestorbener, straußenähnlicher Laufvogel Neuseelands [6] Schleichkatze (Afrika, Asien)

1. Tiere: **Antwortblatt 2**

Anfangs-buchstaben	Säugetiere	Vögel	Kriechtiere	Lurche	Fische	Wirbellose Tiere	Erzielte Punktzahl
A oder B							
C oder D							
E oder F							
G oder H							
I oder J							
K oder L							
M oder N							
O oder P							
Q oder R							
S oder T							
U oder V							
W oder Z							
Spieler/Team:					Gesamtpunktzahl:		

1. Tiere: **Lösungsbeispiele 2**

Anfangs-buchstaben	Säugetiere	Vögel	Kriechtiere	Lurche	Fische	Wirbellose Tiere	Erzielte Punktzahl
A oder B	Bär	Amsel	Anakonda	Axolotl[4]	Barsch	Amöbe	
C oder D	Dingo[1]	Dohle	Chamäleon	Chorfrosch[5]	Dorsch	Drohne	
E oder F	Faultier	Falke	Eidechse	Feuer-salamander	Forelle	Fliege	
G oder H	Hund	Habicht	Gecko	Geburts-helferkröte	Hecht	Heuschrecke	
I oder J	Iltis	Ibis	Johannisechse[3]	Indischer Ochsenfrosch	Inger[7]	Igelfliege[9]	
K oder L	Kamel	Kiebitz	Leguan	Laubfrosch	Lachs	Koralle	
M oder N	Marder	Meise	Nilkrokodil	Molch	Makrele	Maikäfer	
O oder P	Panda[2]	Papagei	Python	Olm	Piranha	Ohrwurm	
Q oder R	Robbe	Reiher	Ringelnatter	Querzahn-molch[6]	Rochen	Qualle	
S oder T	Seehund	Schwan	Schildkröte	Teichmolch	Tunfisch	Schnecke	
U oder V	Vampir	Uhu	Viper	Unke	Umber[8]	Vogelspinne	
W oder Z	Ziege	Zeisig	Waran	Wechselkröte	Wels	Zecke	
Spieler/Team:					**Gesamtpunktzahl:**		

[1] australischer Wildhund [2] schwarz-weißer Bambusbär [3] einzige Glattechsenart in Mitteleuropa [4] Querzahnmolch [5] Sumpflaubfrosch in Amerika [6] Querzahnmolch = Axolotl [7] zu den Rundmäulern gehörendes, wurmförmiges Wirbeltier, lebt im Atlantik [8] barschartiger Meeresfisch in den Tropen [9] gehört zu den Raupenfliegen, die als Larven andere Insekten befallen

1. Tiere: **Blanko-Antwortblatt**

Anfangs-buchstaben						Erzielte Punktzahl
A oder B						
C oder D						
E oder F						
G oder H						
I oder J						
K oder L						
M oder N						
O oder P						
Q oder R						
S oder T						
U oder V						
W oder Z						
Spieler/Team:				Gesamtpunktzahl:		

2. Das Tiererkennungsspiel – ein Ratespiel

Spielerzahl:

2–6 Spieler/Teams

Spielmaterialien:

- 48 Spielkarten je Spieler/Team (s. Vorlagen S. 13–16)
- pro Spieler/Team 1 Antwortblatt (S. 18), evtl. Kassettenrekorder, Bilder …
- für den Spielleiter Lösungsblätter (S. 13–16 und S. 19), evtl. 48 Magnete zum Befestigen der Spielkarten an einer Magnetwandtafel

Tipp: *Die Spielkarten auf stärkeres Papier (z. B. 120 g) kopieren oder auf Pappe aufziehen, anschließend laminieren und ausschneiden. Auf der Rückseite der Spielkarten lassen sich die Lösungen notieren.*

Spielregeln:

Tiere kommen in der deutschen Sprache in zahlreichen Redewendungen und Sprichwörtern vor. Die Spieler/Teams müssen in diesem Spiel erraten, welche Tiere in den vorgegebenen Redewendungen und Sprichwörtern vorkommen.
Die 48 Spielkarten (s. Vorlagen S. 13–16) werden gemischt und mit der Vorderseite nach oben als Stapel abgelegt. Die Spieler/Teams sind abwechselnd an der Reihe. Es geht jeweils um die oben liegende Spielkarte. Wer an der Reihe ist, muss das Tier/die Tiere nennen, das/die auf der oberen Spielkarte in der Redewendung bzw. im Sprichwort gemeint ist/sind.
Der Spieler/das Team darf sich diese Spielkarte nehmen, wenn zuvor die richtige Antwort gegeben wurde. Ist die Antwort falsch, wird die jeweilige Spielkarte unten in den Stapel eingefügt.

Spielsieg:

Das Spiel gewinnt, wer nach Ende einer vereinbarten Spielzeit die meisten Spielkarten besitzt oder wer zuerst eine bestimmte Anzahl von Spielkarten gesammelt hat.

Spielvariationen:

- Alle Spielkarten werden zu Spielbeginn mit der Vorderseite nach oben auf einer Spielfläche (z. B. Tisch) nebeneinander ausgelegt oder an einer Magnetwandtafel befestigt. Wer an der Reihe ist, kann sich eine Spielkarte zur Beantwortung aussuchen.
- Je Spielrunde haben alle Spieler/Teams gleichzeitig das Antwortrecht. Wer zuerst richtig antwortet, bekommt die jeweilige Spielkarte.
- Ein Tiername wird vorgegeben. Der jeweilige Spieler/das jeweilige Team muss eine Redewendung oder ein Sprichwort nennen, in der/dem der betreffende Tiername enthalten ist.

Hinweis: *Über eine Zitatensammlung (z. B. Röhrich) lässt sich ermitteln, wie die „tierischen" Redewendungen/Sprichwörter entstanden sind. Über die Bedeutung und Berechtigung der „tierischen" Redewendungen/Sprichwörter sollte im Unterricht diskutiert werden.*

Weitere Varianten des Tiererkennungsspiels:

- Tierlaute bzw. -geräusche werden vorgegeben (s. Antwortblatt S. 18). Zu erraten ist, welches Tier welchen Laut von sich gibt.
  Alternative: Tierstimmen werden mittels Kassettenrekorder aufgenommen (z. B. im Zoo) und später in der Klasse vorgespielt. Weitere Tierlaute können im Blanko-Antwortblatt eingetragen werden.
- Tiere werden mit Worten (evtl. mithilfe eines Tierwörterbuches) beschrieben. Frage: Welches Tier wird jeweils beschrieben?
- Von Tieren werden naturgetreue Bilder oder Schattenumrisse (evtl. entnommen aus Zeitungen, Zeitschriften, …) gezeigt.
- Tiermodelle sind in einem dunklen Kasten oder hinter einem Vorhang mit den Händen zu ertasten.
- Tiere werden pantomimisch dargestellt und müssen erraten werden.
- „Welches Tier bin ich?" Bei jedem Spieler wird auf dem Rücken ein Zettel befestigt (z. B. mit einer Sicherheitsnadel), auf dem der Name eines Tieres steht. Alle Spieler bewegen sich gleichzeitig in einem Raum und müssen durch geschickte Fragen, z. B. Lebe ich im Wasser? Was fresse ich? Habe ich Fell oder Schuppen? Bin ich ein Tier aus dem Wald?, an die vorbeikommenden anderen Spieler herausbekommen, welches Tier sie darstellen. Sieger ist, wer seinen Tiernamen zuerst errät.

Variante 1 (ohne Zettel auf dem Rücken): Es wird jeweils ein Spieler aus dem Klassenraum geschickt. Auf die abgedeckte Innenseite der Wandtafel wird geschrieben, welches Tier der herausgeschickte Spieler sein soll. Der Spieler wird nun wieder hereingeholt und muss erraten, welches Tier er ist. Bei den Fragen sind 10 Fehlversuche erlaubt. Es dürfen nur Fragen gestellt werden, die mit Ja oder Nein beantwortet werden können. Immer wenn der Spieler auf eine Frage ein Nein als Antwort bekommt, ist dies ein Fehlversuch. Wer die wenigsten Fehlversuche aufweist, um seinen Tiernamen zu erraten, gewinnt das Spiel. Erraten des Tieres in einer vorgegebenen Zeit ist ebenfalls möglich.

Variante 2 (ohne Zettel auf dem Rücken): Ein Spieler/Team in der Klasse denkt sich ein Tier aus. Ausgewählte Spieler/Teams oder die gesamte Klasse versuchen/versucht das Tier durch Fragen, die nur mit Ja und Nein beantwortet werden dürfen, herauszubekommen.

Beobachtungsspiele in der Natur:

- Wer ein Tier auf einer Wanderung zuerst erkennt und richtig benennt, bekommt einen Punkt.
- Zwei Mannschaften werden gebildet. Die eine Mannschaft notiert die Tiere, die links des Weges zu sehen sind, das andere Team die Tiere rechts des Weges. Das Spiel gewinnt, wer nach einer vorgegebenen Zeit die meisten Tierarten gesehen und notiert hat.
- (Heimische) Tiere sind aufgrund ihrer Spuren bzw. Fährten zu identifizieren.

2. Das Tiererkennungsspiel: **Spielkarten 1**

Aal	Sich winden wie ein …	Mich laust der …	**Affe**
Biene	Fleißig wie eine …	Jemandem einen … aufbinden	**Bären**
Elch	Ich denk(e), mich knutscht ein …	Sich benehmen wie ein … im Porzellanladen	**Elefant**
Elster	Die … stiehlt so gut sie schwatzt	Schwimmen wie eine bleierne …	**Ente**
Esel	Der … nennt sich immer zuerst	… nach Athen tragen	**Eulen**
Fliegen	Zwei … mit einer Klappe schlagen	Jemandem einen … in's Ohr setzen	**Floh**

2. Das Tiererkennungsspiel: **Spielkarten 2**

Frosch	Einen … im Hals(e) haben	Wo sich die … gute Nacht sagen	**Füchse**
Gans	Fuchs, du hast die … gestohlen, gib sie wieder her	Das weiß der …	**Geier**
Hahn	… im Korb sein	Wissen, wie der … läuft	**Hase**
Hecht	Der … im Karpfenteich(e) sein	Ein blindes … findet auch mal ein Korn	**Huhn**
Hunde	Den Letzten beißen die …	Die … lässt das Mausen nicht	**Katze**
Krokodil	… (s)tränen weinen	Das geht auf keine …haut	**Kuh**

2. Das Tiererkennungsspiel: **Spielkarten 3**

Lama	Spucken wie ein ...	Eine ... über die Leber gelaufen	**Laus**
Löwen	Den ...anteil bekommen	Da beißt keine ... einen Faden ab	**Maus**
Mücke	Aus einer ... einen Elefanten machen	..., ich hör dich singen	**Nachtigall**
Ochse	Dastehen wie ein ... am Berg	Stolz wie ein ...	**Pfau**
Pferd	Das ... am Schwanze aufzäumen	Stehlen wie die ...	**Raben**
Ratten	Die ... verlassen das sinkende Schiff	Schimpfen wie ein ...	**Rohrspatz (Rohrammer)**

2. Das Tiererkennungsspiel: **Spielkarten 4**

Schäfchen (= Schafe)	Seine … in's Trockene bringen	Zur … machen	**Schnecke**
Schneekönig (= Zaunkönig)	Sich freuen wie ein …	Eine … macht noch keinen Sommer	**Schwalbe**
Storch	Stelzen durch's Gras wie ein …	Wie von der … gestochen	**Tarantel**
Taube	Lieber einen Spatz in der Hand als eine … auf dem Dach	In ein …nest greifen	**Wespen**
Wiesel	Flink wie ein …	Mit den … muss man heulen	**Wölfen**
Wurm	Da steckt der … drin	Meckern wie eine …	**Ziege**

2. Das Tiererkennungsspiel: **Blanko-Karten**

2. Das Tiererkennungsspiel: **Antwortblatt**

Nr.	Tierlaute bzw. -geräusche	Tiernamen (= Lösungen)	Nr.	Tierlaute bzw. -geräusche	Tiernamen (= Lösungen)	Erzielte Punktzahl
1	„Miau, miau ...!"		21	„Wau, wau ...!"		
2	„Muh, muh ...!"		22	„Grunz, grunz ...!"		
3	„Hi, hi ...!"		23	„Ia, ia ...!"		
4	„Mäh, mäh ...!"		24	„Meck, meck ...!"		
5	„Piep, piep ...!"		25	„Summ, summ ...!"		
6	„Brumm, brumm ...!"		26	„Zirp, zirp ...!"		
7	„Quak, quak ...!"		27	„Oäck, oäck ...!"		
8	„Ung, ung ...!"		28	„Kikeriki, kikeriki ...!"		
9	„Gluck, gluck ...!"		29	„Ga, ga ...!"		
10	„Gurr, gurr ...!"		30	„Klapp, klapp ...!"		
11	„Klopf, klopf ...!"		31	„Kuckuck, kuckuck ...!"		
12	„Zilp-zalp, zilp-zalp ...!"		32	„Schilp, schilp ...!"		
13	„Zipp, zipp ...!"		33	„Tjü, tjü ...!"		
14	„Gigigigig, gigigigig ...!"		34	„Zizibäh, zizibäh ...!"		
15	„Kie-witt, kie-witt ...!"		35	„Uh(u), uh(u) ...!"		
16	„Hu, hu, hu ...!"		36	„Hiäh, hiäh ...!"		
17	„Kra, kra ...!"		37	„Kju, kju ...!"		
18	„Fiep, fiep ...!"		38	„Röhr, röhr ...!"		
19	„Pfiiff, Pfiiff ...!"		39	„Zisch, zisch ...!"		
20	„U, u ...!"		40	„Törö, törö ...!"		
Spieler/Team:			**Gesamtpunktzahl:**			

Die gesuchten Tiernamen in alphabetischer Reihenfolge: Affe, Amsel (= Schwarzdrossel), Biene, Elefant, Erdkröte, Esel, Frosch oder Ente, Gans oder Huhn, Grille, Hahn, Hirsch, Huhn, Hummel oder Schmeißfliege (= Brummer), Hund, Katze, Kiebitz, Kohlmeise, Krähe, Kuckuck, Kuh, Maus oder Vogel, Mäusebussard, Möwe, Murmeltier, Nachtigall, Pferd, Reh, Schaf, Schlange oder Schwan, Schwein, Singdrossel, Specht oder Kleiber, Sperling (Spatz), Storch, Taube, Uhu, Unke, Waldkauz, Ziege, Zilpzalp (= Weidenlaubsänger)

2. Das Tiererkennungsspiel: **Lösungen**

Nr.	Tierlaute bzw. -geräusche	Tiernamen (= Lösungen)	Nr.	Tierlaute bzw. -geräusche	Tiernamen (= Lösungen)	Erzielte Punktzahl
1	„Miau, miau ...!"	Katze	21	„Wau, wau ...!"	Hund	
2	„Muh, muh ...!"	Kuh	22	„Grunz, grunz ...!"	Schwein	
3	„Hi, hi ...!"	Pferd	23	„Ia, ia ...!"	Esel	
4	„Mäh, mäh ...!"	Schaf	24	„Meck, meck ...!"	Ziege	
5	„Piep, piep ...!"	Maus oder Vogel	25	„Summ, summ ...!"	Biene	
6	„Brumm, brumm ...!"	Hummel o. Schmeißfliege (= Brummer)	26	„Zirp, zirp ...!"	Grille	
7	„Quak, quak ...!"	Frosch oder Ente	27	„Oäck, oäck ...!"	Erdkröte	
8	„Ung, ung ...!"	Unke	28	„Kikeriki, kikeriki ...!"	Hahn	
9	„Gluck, gluck ...!"	Huhn	29	„Ga, ga ...!"	Gans oder Huhn	
10	„Gurr, gurr ...!"	Taube	30	„Klapp, klapp ...!"	Storch	
11	„Klopf, klopf ...!"	Specht oder Kleiber	31	„Kuckkuck, kuckuck ...!"	Kuckuck	
12	„Zilp-zalp, zilp-zalp ...!"	Zilpzalp (= Weidenlaubsänger)	32	„Schilp, schilp ...!"	Sperling (= Spatz)	
13	„Zipp, zipp ...!"	Singdrossel	33	„Tjü, tjü ...!"	Nachtigall	
14	„Gigigigig, gigigigig ...!"	Amsel (Schwarzdrossel)	34	„Zizibäh, zizibäh ...!"	Kohlmeise	
15	„Kie-witt, kie-witt ...!"	Kiebitz	35	„Uh(u), uh(u) ...!"	Uhu	
16	„Hu, hu, hu ...!"	Waldkauz	36	„Hiäh, hiäh ...!"	Mäusebussard	
17	„Kra, kra ...!"	Krähe	37	„Kju, kju ...!"	Möwe	
18	„Fiep, fiep ...!"	Reh	38	„Röhr, röhr ...!"	Hirsch	
19	„Pfiiff, Pfiiff ...!"	Murmeltier	39	„Zisch, zisch ...!"	Schlange oder Schwan	
20	„U, u ...!"	Affe	40	„Törö, törö ...!"	Elefant	
Spieler/Team:			**Gesamtpunktzahl:**			

2. Das Tiererkennungsspiel: **Blanko-Antwortblatt**

Nr.	Tierlaute bzw. -geräusche	Tiernamen (= Lösungen)	Nr.	Tierlaute bzw. -geräusche	Tiernamen (= Lösungen)	Erzielte Punkt-zahl
1			21			
2			22			
3			23			
4			24			
5			25			
6			26			
7			27			
8			28			
9			29			
10			30			
11			31			
12			32			
13			33			
14			34			
15			35			
16			36			
17			37			
18			38			
19			39			
20			40			
Spieler/Team:				**Gesamtpunktzahl:**		

3. Tiergruppen – ein Klassifizierungsspiel

Spielerzahl:

2–6 Spieler/Teams

Spielmaterialien:

- 6 Klassifizierungskarten (s. Vorlage S. 22), 36 Tierbildkarten (s. Vorlagen S. 23–28), evtl. 42 Magnete zum Befestigen der Spielkarten an einer Magnettafel, evtl. 1 sechsflächiger Würfel (s. Bastelvorlage S. 32) bzw. 1 sechsflächiger Zahlenwürfel (Augenzahlen 1–6)
- für den Spielleiter 7 Lösungsblätter (s. Vorlagen S. 23–28 und S. 31), evtl. 1 Stift und Blanko-Papier bzw. Kreide und Wandtafel zum Notieren der von den einzelnen Spielern/Teams erzielten Punkte
- evtl. pro Spieler/Team 1 Antwortblatt (s. Vorlage S. 30)

***Tipp:** Die Spielkarten auf stärkeres Papier (z. B. 120 g) kopieren oder auf Pappe aufziehen, anschließend laminieren und ausschneiden. Die Spielkarten können auch vor dem Laminieren farbig angemalt und je nach Wunsch auf der Vorder- bzw. Rückseite mit den jeweiligen Tiernamen beschriftet werden.*

Spielregeln:

In diesem Spiel sind zusammengehörige Tierbildkarten zu finden.

Nach gründlichem Mischen werden die 36 Tierbildkarten offen, d. h. mit der Vorderseite nach oben, auf einer Spielfläche (z. B. Tisch oder Magnetwandtafel) nebeneinander ausgelegt oder dort befestigt. Zwischen den Spielern/Teams wird ausgelost, wer welche Klassifizierungskarte (Säugetiere, Vögel, Kriechtiere, Lurche, Fische oder Wirbellose Tiere) bekommt.

Im Verlauf des Spiels sind die Spieler/Teams abwechselnd an der Reihe. Wer an der Reihe ist, muss eine Tierbildkarte, die zu seiner Klassifizierungskarte gehört, ausfindig machen. Wird sie richtig erkannt, darf er sie behalten. Entspricht die Tierbildkarte nicht der Klassifizierungskarte, muss sie auf die Spielfläche zurückgelegt werden und der nächste Spieler/das nächste Team ist an der Reihe.

Spielsieg:

Wer zuerst 6 in eine Gruppe gehörende Tierbildkarten gesammelt hat, ist Sieger.

Spielvariationen:

- Alle 36 Tierbildkarten werden verdeckt – also mit der Vorderseite nach unten – auf der Spielfläche ausgelegt. Wer an der Reihe ist, darf jeweils eine Tierbildkarte aufdecken und muss diese allen Spielern/Teams zeigen. Passt sie zu seiner Klassifizierungskarte, darf er sie behalten. Ansonsten muss sie verdeckt auf die Spielfläche zurückgelegt werden.
- In das Spiel wird ein Würfel (Bastelvorlage S. 32) aufgenommen. Das Würfelergebnis (z. B. Säugetiere) bestimmt, aus welcher Gruppe der Spieler/das Team anschließend unter den Tierbildkarten eine zugehörige Spielkarte aufnehmen muss.
- Anstelle dieses Würfels kann man auch einen üblichen Zahlenwürfel (Augenzahlen 1–6) verwenden. Die Bedeutung der Augenzahlen:
  Augenzahl 1 = Säugetiere
  Augenzahl 2 = Vögel
  Augenzahl 3 = Kriechtiere
  Augenzahl 4 = Lurche
  Augenzahl 5 = Fische
  Augenzahl 6 = Wirbellose Tiere
- Zu Spielbeginn werden die 36 Tierbildkarten verdeckt nebeneinander oder als Kartenspiel abgelegt. Während des Spiels hat der jeweilige Spieler/das jeweilige Team die von ihm soeben aufgedeckte Tierbildkarte richtig zu klassifizieren, d. h. der zutreffenden Klassifizierungskarte zuzuordnen.
- Es lassen sich weitere Tierbild- und Klassifizierungskarten herstellen. Die Blanko-Vorlage (s. S. 29) dient der eigenen Herstellung von Spielkarten. Zur Vorbereitung von Tierbildkarten lassen sich Tierbilder aus Zeitungen, Zeitschriften, Prospekten, Info-Blättern usw. ausschneiden und aufkleben.
- Jeder Spieler/jedes Team bekommt ein Antwortblatt (S. 30), das auszufüllen ist.

3. Tiergruppen: **Klassifizierungskarten**

Kriechtiere (Reptilia)	Wirbellose Tiere (Invertebrata)
Vögel (Aves)	Fische (Pisces)
Säugetiere (Mammalia)	Lurche (Amphibia)

3. Tiergruppen: **Bildkarten Säugetiere (Mammalia)**

Schnabeltier

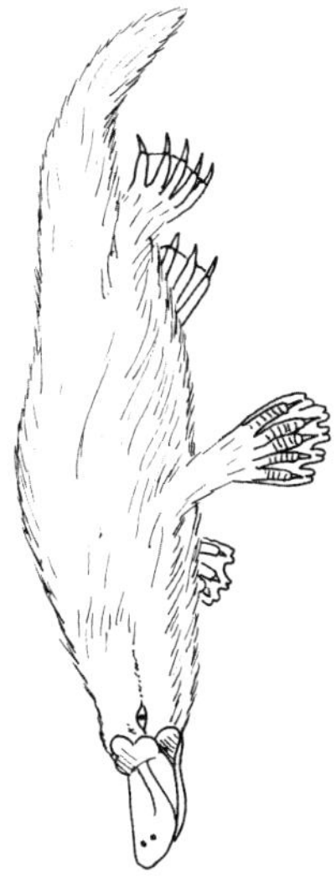

Fledermaus

Delfin

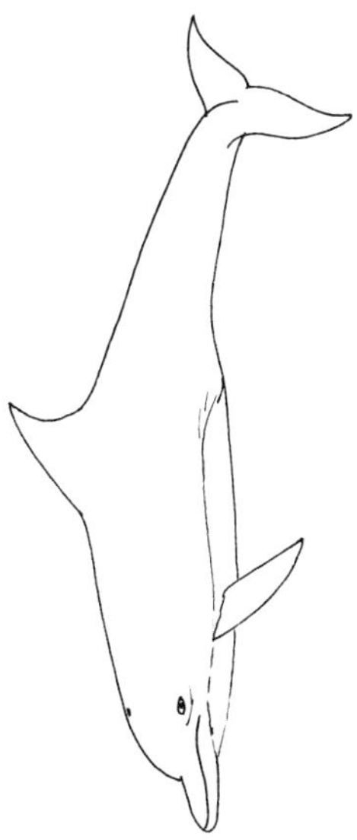

Dachs

Blauwal

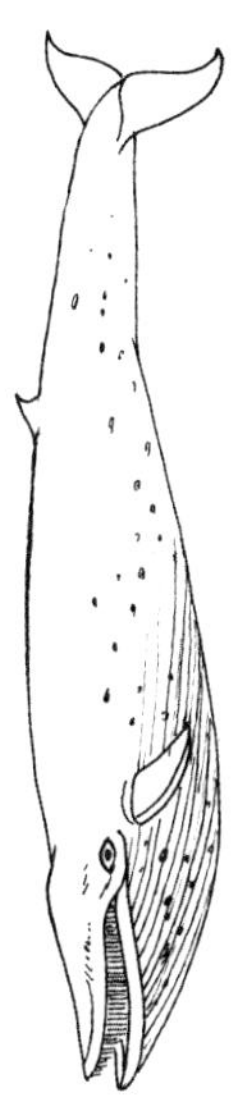

Hase

3. Tiergruppen: **Bildkarten Vögel (Aves)**

Kiwi

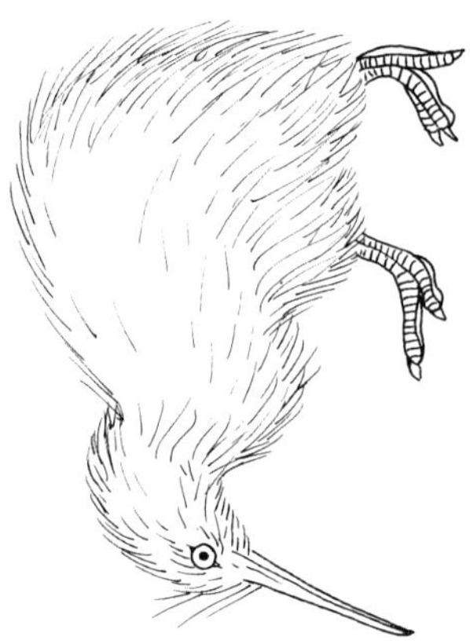

Stockente

Strauß

Auerhahn

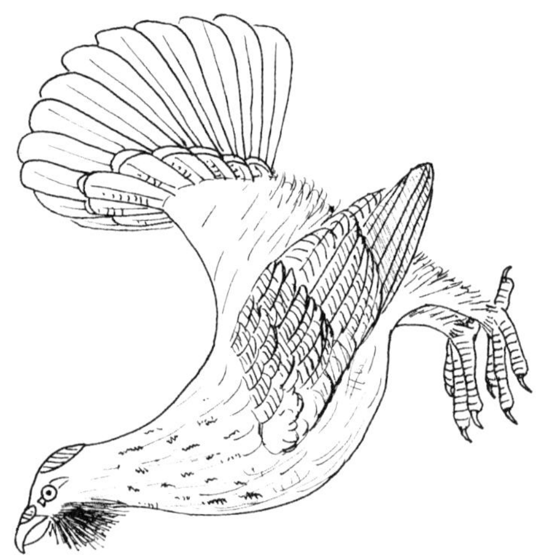

Kaiserpinguin

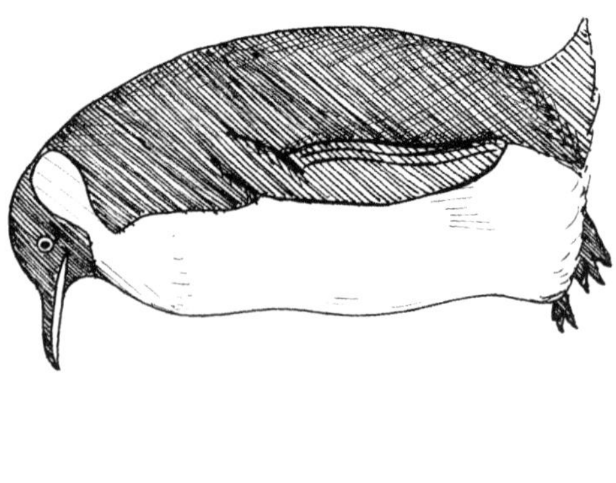

Uhu

3. Tiergruppen: **Bildkarten Kriechtiere (Reptilia)**

Kreuzotter

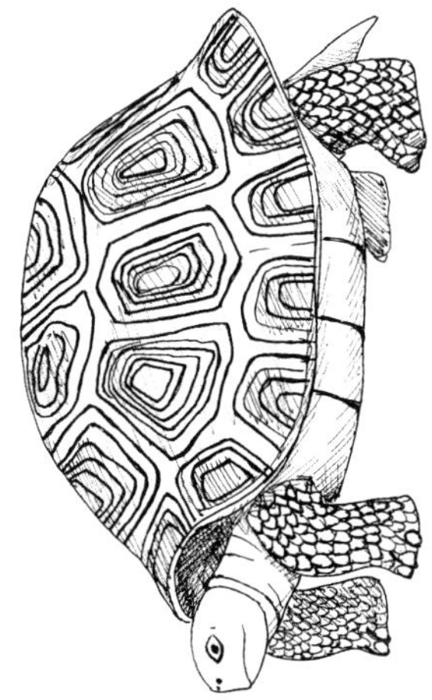

Schildkröte

Komodowaran

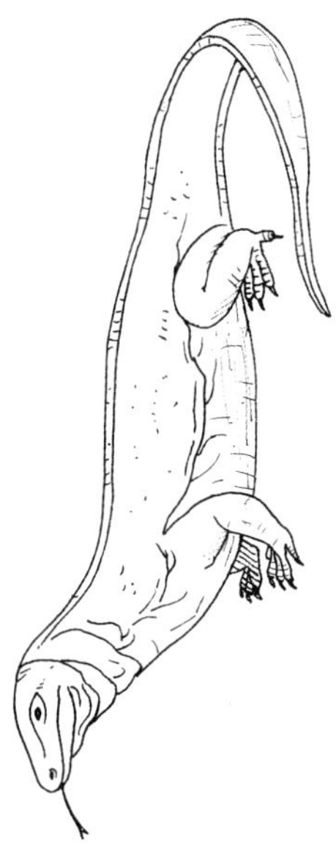

Stegosaurier

Nilkrokodil

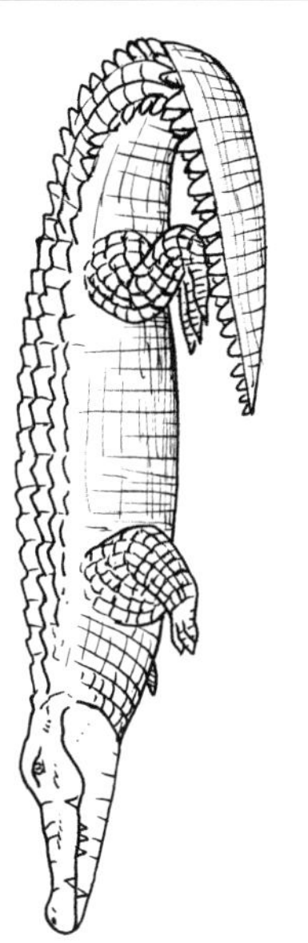

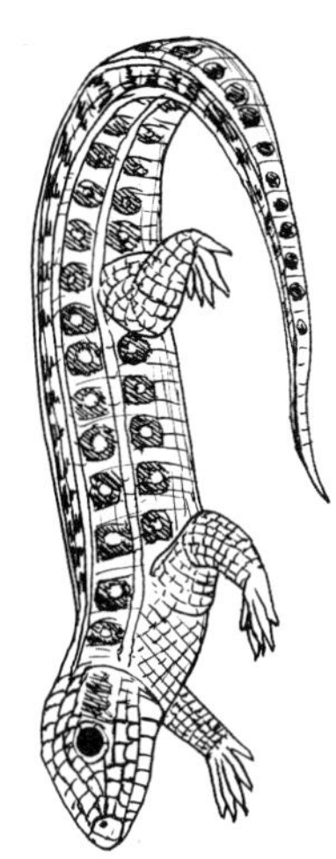

Zauneidechse

3. Tiergruppen: **Bildkarten Lurche (Amphibia)**

Erdkröte

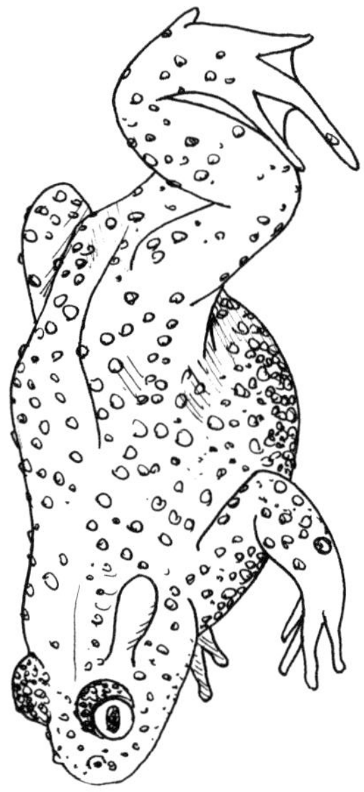

Olm

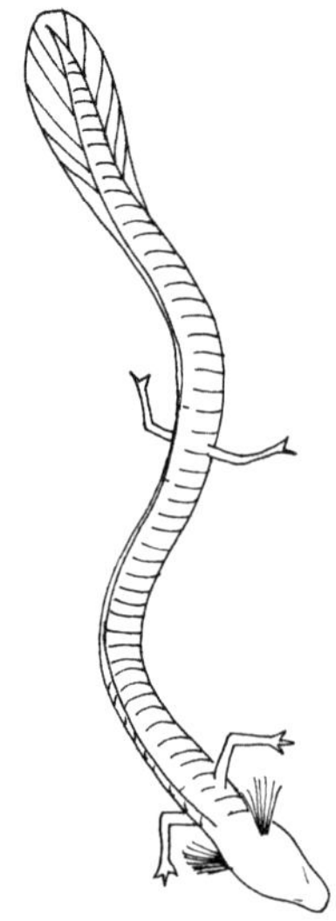

Laubfrosch

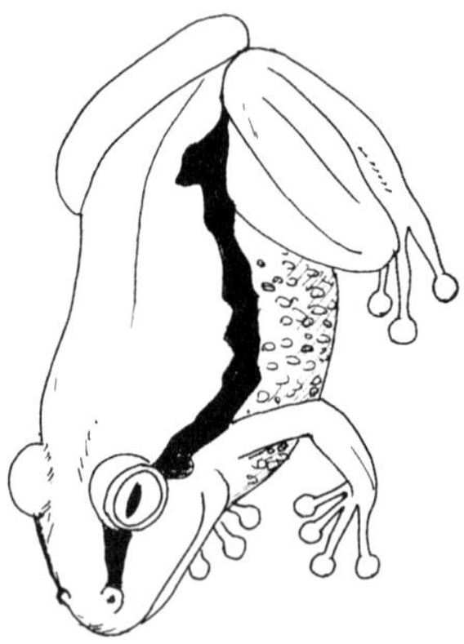

Feuersalamander

Wasserfrosch

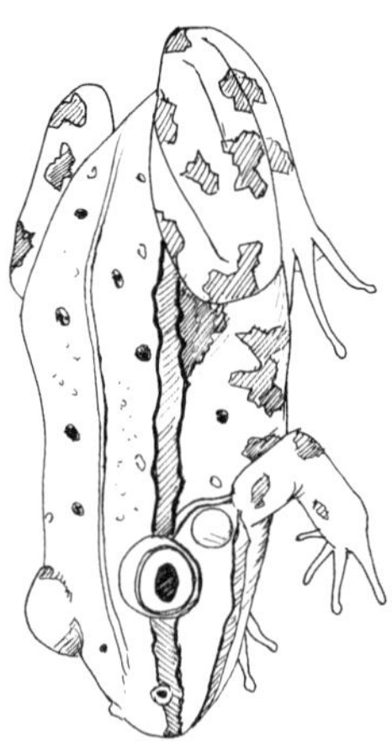

Teichmolch

3. Tiergruppen: **Bildkarten Fische (Pisces)**

Blauhai	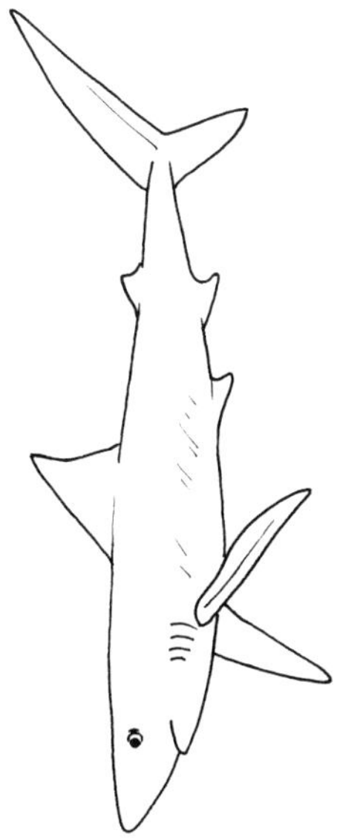		**Seepferdchen**
Scholle	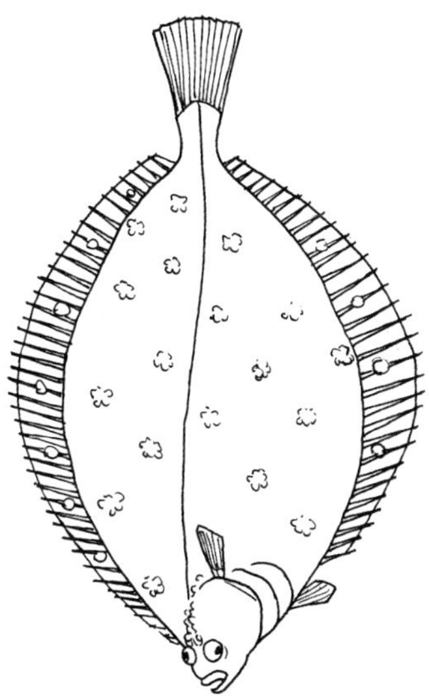	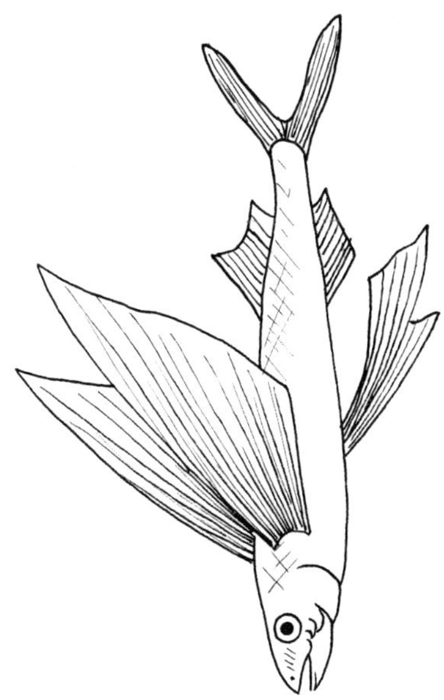	**Flugfisch**
Aal	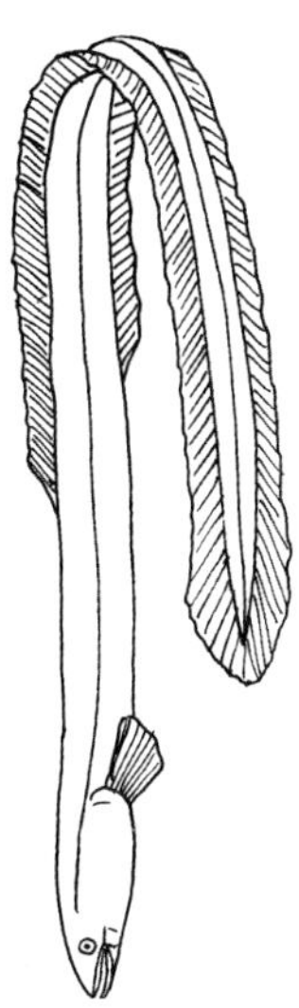	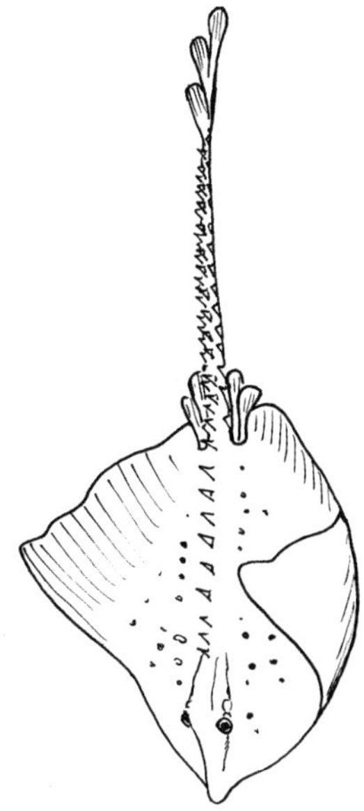	**Rochen**

3. Tiergruppen: **Bildkarten Wirbellose Tiere (Invertebrata)**

Flusskrebs

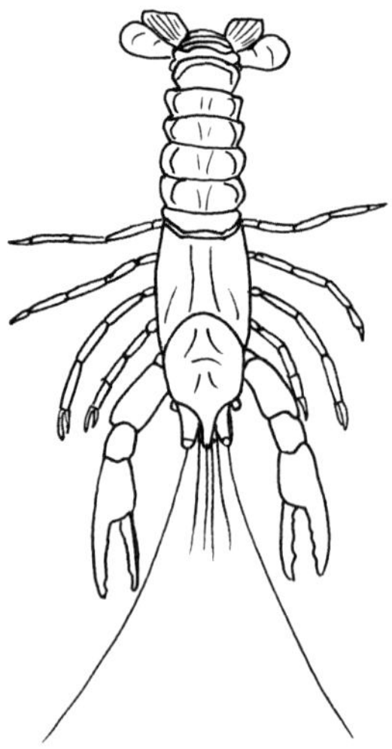

Seestern

Regenwurm

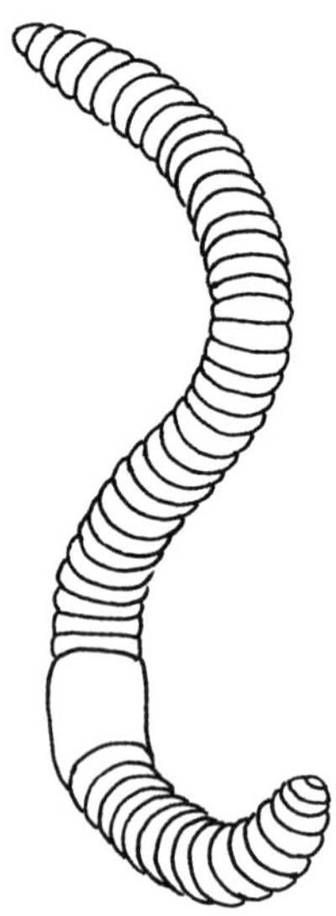

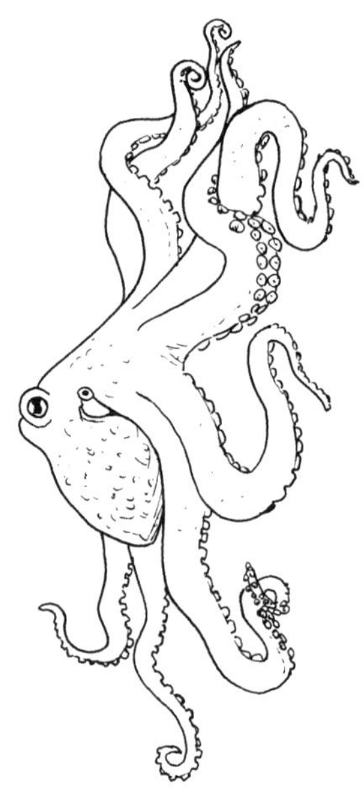

Tintenfisch

Schwalbenschwanz

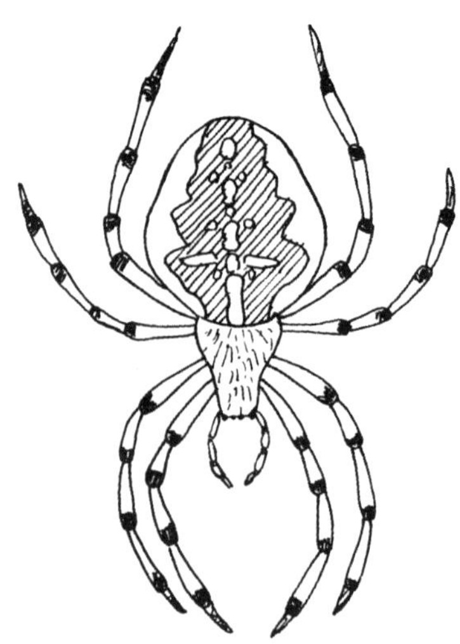

Kreuzspinne

3. Tiergruppen: **Blanko-Karten**

3. Tiergruppen: **Antwortblatt**

Wirbeltiere (Vertebrata)					**Wirbellose Tiere** (Invertebrata)
Säugetiere (Mammalia)	**Vögel** (Aves)	**Kriechtiere** (Reptilia)	**Lurche** (Amphibia)	**Fische** (Pisces)	

Ordne folgende Tiere den oben genannten Gruppen zu und trage sie in die Tabelle ein:
Aal, Amöbe, Auerhahn, Blauhai, Blauwal, Dachs, Delfin, Erdkröte, Feuersalamander, Fledermaus, Flugfisch, Flusskrebs, Hase, Kaiserpinguin, Kiwi, Komodowaran, Kreuzotter, Kreuzspinne, Laubfrosch, Nilkrokodil, Olm, Regenwurm, Rochen, Schildkröte, Schnabeltier, Scholle, Seepferdchen, Seestern, Stegosaurier, Stockente, Strauß, Teichmolch, Tintenfisch, Uhu, Wasserfrosch, Zauneidechse

3. Tiergruppen: **Lösungen**

Wirbeltiere (Vertebrata)					**Wirbellose Tiere (Invertebrata)**
Säugetiere (Mammalia)	**Vögel (Aves)**	**Kriechtiere (Reptilia)**	**Lurche (Amphibia)**	**Fische (Pisces)**	
Blauwal	Auerhahn	Komodowaran	Erdkröte	Aal	Amöbe
Dachs	Kaiserpinguin	Kreuzotter	Feuersalamander	Blauhai	Flusskrebs
Delfin	Kiwi	Nilkrokodil	Laubfrosch	Flugfisch	Kreuzspinne
Fledermaus	Stockente	Schildkröte	Olm	Rochen	Regenwurm
Hase	Strauß	Stegosaurier	Teichmolch	Scholle	Seestern
Schnabeltier	Uhu	Zauneidechse	Wasserfrosch	Seepferdchen	Tintenfisch

3. Tiergruppenspiel: **Bastelvorlage Würfel**

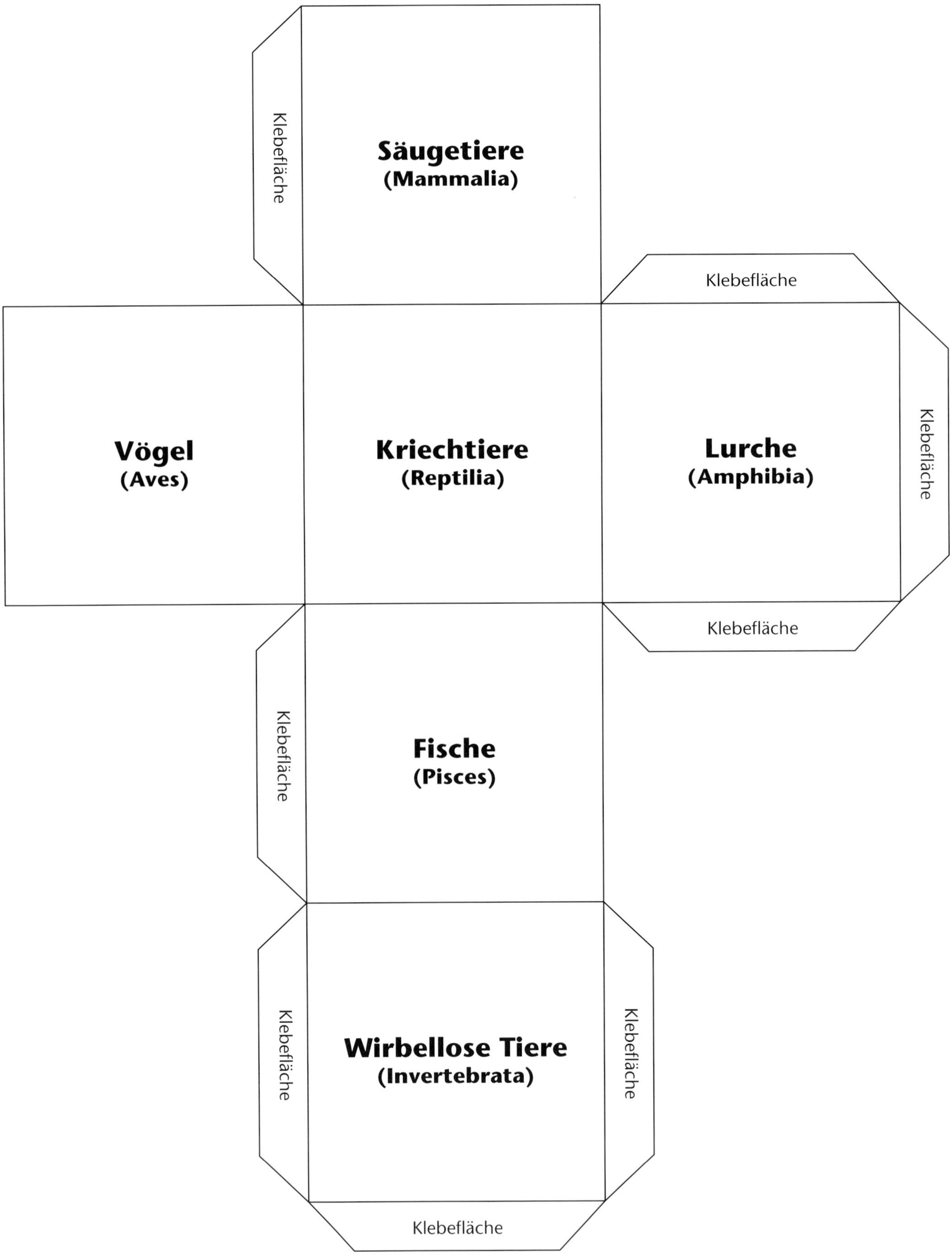

4. Was ist richtig? – ein Quizspiel

Spielerzahl:

ab 2 Spielern/Teams (möglichst 2–6)

Spielmaterialien:

- für den Spielleiter 1 Aufgaben- und Antwortenkatalog (s. Vorlagen S. 34–42), 1 Stift und Blanko-Papier bzw. Kreide und Wandtafel zum Notieren der von den einzelnen Spielern/Teams erzielten Punkte
- evtl. pro Spieler/Team 1 Aufgabenkatalog (s. Vorlagen S. 34–41), 1 Stift

Spielregeln:

Die Spieler/Teams sind reihum an der Reihe. Wer an der Reihe ist, hat eine im vorliegenden Aufgabenkatalog enthaltene Aufgabe (s. Vorlage S. 34–41) zu beantworten. Der neutrale Spielleiter (z. B. der Lehrer) gibt zur jeweiligen Aufgabe 3 Antworten vor. Wer mit der Antwort an der Reihe ist, muss sagen, welche der 3 genannten Antworten richtig ist. Für die richtige Antwort bekommt der jeweilige Spieler/das jeweilige Team einen Punkt.

Spielsieg:

Gewinner ist, wer innerhalb einer festgelegten Spielzeit bzw. nach Absolvierung einer vorher vereinbarten Anzahl von Spielrunden die meisten Punkte hat.

Spielvariationen:

- Jeder Spieler/jedes Team bekommt den vorliegenden Aufgabenkatalog (s. Vorlagen S. 34–41). Dieser ist schriftlich zu beantworten. Achtung: Für die selbstständige Beantwortung aller Aufgaben ist pro Seite ca. 5–10 Minuten einzuplanen.
- Die Spieler/Teams erhalten von einem neutralen Spielleiter (z. B. vom Lehrer) andere Aufgaben. Möglich sind mehrere richtige Antworten pro Aufgabe, nicht nur eine.
- Jede Antwort wird vom neutralen Spielleiter mit einem bestimmten Buchstaben versehen. Die Buchstaben der richtigen Antworten ergeben korrekt zusammengesetzt pro Seite jeweils ein Lösungswort, das die Spieler/Teams herausfinden müssen.

4. Was ist richtig?: **Antwortblatt 1 (Säugetiere)**

Nr.	Aussage bzw. Frage	Antwort A	Antwort B	Antwort C	Lösung
1	Es gibt auf der Erde verschiedene Säugetierarten:	ungefähr 1 000	ungefähr 3 000	ungefähr 6 000	
2	Säugetiere, die Eier legen, sind:	der Ameisenigel und das Schnabeltier	der Dachs und der Biber	der Schwan und der Pinguin	
3	Das größte lebende Säugetier ist:	der Blauwal	der Elefant	der Pottwal	
4	Der Lebensraum der meisten Säugetiere ist:	die Luft	das Land	das Wasser	
5	Ein fliegendes Säugetier ist:	der Pelikan	der Albatros	die Fledermaus	
6	Haare als Wärmeschutz besitzen:	wenige Säugetiere	die meisten Säugetiere	alle Säugetiere	
7	Säugetiere haben im Vergleich zu anderen Tiergruppen ein:	kaum entwickeltes Gehirn	schwach entwickeltes Gehirn	hoch entwickeltes Gehirn	
8	Eine in etwa gleichwarme Körpertemperatur haben:	nur wenige Säugetiere	fast alle Säugetiere (Ausnahme: Winterschläfer)	alle Säugetiere	
9	In Winterstarre (= Kältestarre) fallen:	keine Säugetiere	wenige Säugetiere	alle Säugetiere	
10	Säugetiere atmen durch:	Lungen	Kiemen	Lungen und Kiemen	
Spieler/Team:			**Gesamtpunktzahl:**		

4. Was ist richtig?: **Antwortblatt 2 (Vögel)**

Nr.	Aussage bzw. Frage	Antwort A	Antwort B	Antwort C	Lösung
11	Es leben viele Vogelarten auf unserem Planeten:	fast 3 000	fast 9 000	fast 15 000	
12	Der größte Vogel der heutigen Tierwelt ist:	der Moa	der Strauß	der Steinadler	
13	Eier können gewöhnlich legen:	ca. 50 % der weiblichen Vögel	ca. 75 % der weiblichen Vögel	alle weiblichen Vögel	
14	Fliegen können gewöhnlich:	etwa die Hälfte aller Vögel	die meisten Vögel	alle Vögel	
15	Vögel der heutigen Tierwelt besitzen:	keine Zähne	8 bis 16 Zähne	mehr als 16 Zähne	
16	Die normale Körpertemperatur der Vögel liegt:	unter 35° Celsius	zwischen 35° und 39° Celsius	über 39° Celsius	
17	Die Haut der Vögel hat:	keine Drüsen	wenige Drüsen	viele Drüsen	
18	Eine Bürzeldrüse besitzen:	wenige Vögel	die meisten Vögel	alle Vögel	
19	Einen Penis haben:	keine männlichen Vögel	wenige männliche Vögel	alle männlichen Vögel	
20	Vögel können sehen:	schlechter als der Mensch	etwa genauso gut wie der Mensch	besser als der Mensch	

Spieler/Team:	**Gesamtpunktzahl:**

4. Was ist richtig?: **Antwortblatt 3 (Kriechtiere)**

Nr.	Aussage bzw. Frage	Antwort A	Antwort B	Antwort C	Lösung
21	In der heutigen Zeit leben auf der Erde:	etwa 6 000 Kriechtierarten	etwa 8 000 Kriechtierarten	etwa 10 000 Kriechtierarten	
22	Manche Kriechtiere werden lang:	bis zu 10 Meter	bis zu 15 Meter	bis zu 20 Meter	
23	Ein Kriechtier ist:	der Laubfrosch	die Zauneidechse	der Regenwurm	
24	Kriechtiere sind:	feuchtwarme Tiere	gleichwarme Tiere	wechselwarme Tiere	
25	Kriechtiere kommen hauptsächlich vor in:	der subtropischen und tropischen Klimazone	der gemäßigten Klimazone	der subpolaren Klimazone	
26	Eier legen:	keine weiblichen Kriechtiere	die meisten weiblichen Kriechtiere	alle weiblichen Kriechtiere	
27	Die Haut der Kriechtiere besitzt:	Haare	viele Drüsen	Hornschuppen oder Hornplatten	
28	Ein Gebiss haben:	wenige Kriechtiere	fast alle Kriechtiere	alle Kriechtiere	
29	Fleisch fressen:	keine Kriechtiere	manche Kriechtiere	alle Kriechtiere	
30	Kriechtiere können:	nicht riechen	schlecht riechen	(sehr) gut riechen	

Spieler/Team:	**Gesamtpunktzahl:**

4. Was ist richtig?: **Antwortblatt 4 (Lurche)**

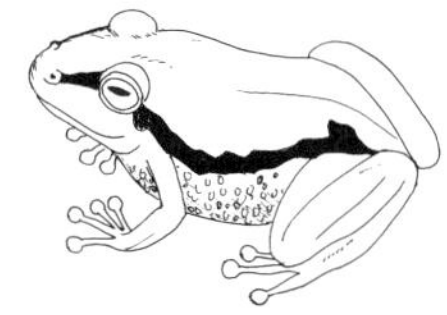

Nr.	Aussage bzw. Frage	Antwort A	Antwort B	Antwort C	Lösung
31	Unterschieden werden derzeit:	etwa 3 000 Lurcharten	etwa 5 000 Lurcharten	etwa 7 000 Lurcharten	
32	In Deutschland leben in der freien Natur:	keine Lurcharten	wenige Lurcharten	viele Lurcharten	
33	Lurche leben in:	trockenen Gebieten	feuchten Gebieten	(sehr) kalten Gebieten	
34	Lurche haben eine Länge von ungefähr:	0,01 m bis 1,5 m	0,05 m bis 4 m	0,1 m bis 3 m	
35	Lurche besitzen:	eine drüsenarme Haut	Hornschuppen	eine nackte, schleimige Haut	
36	Schwänze haben:	keine Lurche	manche Lurche	alle Lurche	
37	Die meisten Lurche besitzen:	keine Füße	2 Füße	4 Füße	
38	Die Eiablage von Lurchen (und anderen Tieren) ins Wasser wird bezeichnet als:	Laich(en)	Metamorphose	Mimikry	
39	Als Larven atmen Lurche durch:	Kiemen	Lungen	Lungen und Kiemen	
40	Als erwachsene Tiere atmen Lurche durch:	Kiemen	Lungen	Lungen und Kiemen	

Spieler/Team:	**Gesamtpunktzahl:**

4. Was ist richtig?: **Antwortblatt 5 (Fische)**

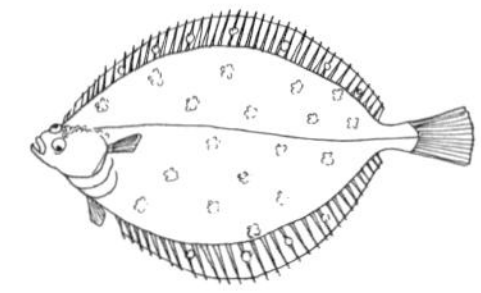

Nr.	Aussage bzw. Frage	Antwort A	Antwort B	Antwort C	Lösung
41	Gegenwärtig gibt es:	etwa 5 000 Fischarten	etwa 15 000 Fischarten	etwa 25 000 Fischarten	
42	Fische sind lang:	0,1 m bis 5 m	0,05 m bis 8 m	0,01 m bis 15 m	
43	Knochen haben:	keine Fische	die meisten Fische	alle Fische	
44	Über Kiemen verfügen:	wenige Fische	die meisten Fische	alle Fische	
45	Es besitzen keine Schwimmblase:	wenige Knorpelfische	die meisten Knorpelfische	alle Knorpelfische	
46	Metamorphose (= Verwandlung in der Lebensentwicklung) kommt vor:	bei einigen Fischarten	bei den meisten Fischarten	bei allen Fischarten	
47	Eier legen:	keine weiblichen Fische	einige weibliche Fische	die meisten weiblichen Fische	
48	Brutpflege betreiben:	keine Fischarten	einige Fischarten	alle Fischarten	
49	Im Körper der Fische fließt:	wechselwarmes Blut	gleichwarmes Blut	kaltes Blut	
50	Fische haben:	weniger als 4 Flossen	4 Flossen	mehr als 4 Flossen	
Spieler/Team:			**Gesamtpunktzahl:**		

4. Was ist richtig?: **Antwortblatt 6 (Gliederfüßer)**

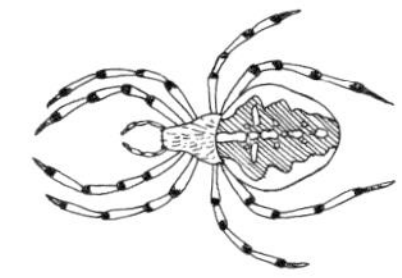

Nr.	Aussage bzw. Frage	Antwort A	Antwort B	Antwort C	Lösung
51	Zu den Gliederfüßern gehören:	Spinnen	Kraken	Polypen	
52	Insekten haben:	4 Beine	6 Beine	8 Beine	
53	Die Gruppe der Gliederfüßer umfasst:	wenige Tierarten	viele Tierarten	sehr viele Tierarten	
54	Das Außenskelett der Gliederfüßer besteht aus:	Hornhaut	Chitin	Kalk	
55	Gliederfüßer atmen mithilfe von:	Lungen	Kiemen	Tracheen	
56	Zu den blutsaugenden Gliederfüßern gehören:	Kopfläuse	Heuschrecken	Stubenfliegen	
57	Die Körperabschnitte eines Insekts teilt man ein in:	Kopf, Brust, Hinterleib	Kopf, Rumpf, Extremitäten	Kopf, Rumpf, Hinterleib	
58	Man bezeichnet den Blutkreislauf der Gliederfüßer als einen:	geschlossenen Blutkreislauf	doppelten Blutkreislauf	offenen Blutkreislauf	
59	Spinnen haben:	3 Beinpaare	4 Beinpaare	5 Beinpaare	
60	Spinnentiere, die auch im Meer vorkommen, sind:	Milben	Zecken	Skorpione	

Spieler/Team:	**Gesamtpunktzahl:**

4. Was ist richtig?: **Antwortblatt 7 (Wirbellose Tiere)**

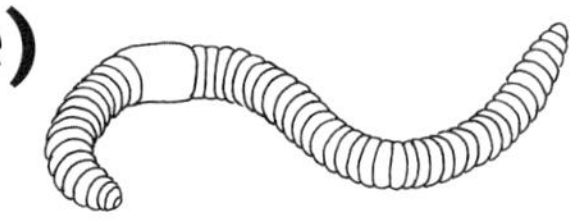

Nr.	Aussage bzw. Frage	Antwort A	Antwort B	Antwort C	Lösung
61	Die Bezeichnung *Wirbellose* wurde erstmals benutzt:	im 18. Jahrhundert	im 19. Jahrhundert	im 20. Jahrhundert	
62	Die wirbellosen Tiere umfassen:	ca. 75 % aller Tierarten	ca. 85 % aller Tierarten	ca. 95 % aller Tierarten	
63	Bei den wirbellosen Tieren werden unterschieden:	weniger als 15 Tierstämme	15 bis 25 Tierstämme	mehr als 25 Tierstämme	
64	In manchen Systematiken werden zu den Wirbellosen nicht gezählt:	Einzeller	Weichtiere	Stachelhäuter	
65	Ein wirbelloses Tier ist:	der Wels	der Axolotl	die Auster	
66	Ein sehr großes wirbelloses Tier der heutigen Zeit ist:	der Riesenhai	der Riesenkalmar	der Riesen-salamander	
67	Die meisten wirbellosen Tiere sind:	kleiner als Wirbeltiere	in etwa so groß wie Wirbeltiere	größer als Wirbeltiere	
68	Wirbellose Tiere haben oft:	ein Rückgrat	ein Innenskelett	ein Außenskelett	
69	Zu den am höchsten entwickelten wirbellosen Tieren gehören:	die Insekten	die Plattwürmer	die Nesseltiere	
70	Im Vergleich zu den Wirbeltieren befinden sich die wirbellosen Tiere auf:	(weitaus) tieferen Entwicklungs-stufen	auf teilweise höheren, teilweise niedrigeren Ent-wicklungsstufen	höheren Entwick-lungsstufen	

Spieler/Team:	**Gesamtpunktzahl:**

Heitmann, Friedhelm/Roleff-Scholz, Dorle: Biologie im Spiel 3

4. Was ist richtig?: **Antwortblatt 8 (Einzellige Lebewesen)**

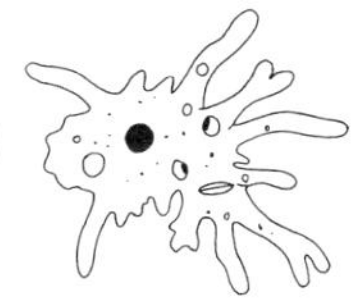

Nr.	Aussage bzw. Frage	Antwort A	Antwort B	Antwort C	Lösung
71	Einzellige Lebewesen werden auch bezeichnet als:	Gewebetiere	Weichtiere	Urtiere	
72	Es gibt heute auf der Erdkugel:	fast 10 000 Arten einzelliger Lebewesen	fast 20 000 Arten einzelliger Lebewesen	fast 40 000 Arten einzelliger Lebewesen	
73	Der Lebensraum der meisten einzelligen Lebewesen ist:	das Wasser oder die feuchte Erde	die trockene Erde	der Luftraum	
74	Die meisten Einzeller sind:	unter 2 mm groß	über 2 mm groß	über 5 mm groß	
75	Einzellige Lebewesen sind:	Hohltiere	Wurzelfüßer	Gliederfüßer	
76	Aktiv fortbewegen können sich:	wenige einzellige Lebewesen	die meisten einzelligen Lebewesen	alle einzelligen Lebewesen	
77	Manche Einzeller haben lange peitschenförmige Fäden, mit denen sie sich bewegen. Diese Fäden heißen:	Peitschen	Geißeln	Wimpern	
78	Einzeller haben:	Ohren	Organe	Organellen	
79	Einzeller können sich vermehren:	nur ungeschlechtlich	nur geschlechtlich	geschlechtlich oder ungeschlechtlich	
80	Viele Sporentierchen sind:	Krankheits-bekämpfer	Krankheitserreger	reine Unkraut-vertilger	

Spieler/Team:	**Gesamtpunktzahl:**

4. Was ist richtig?: **Lösungen**

Antwortblatt 1: Säugetiere

1. ungefähr 6 000
2. der Ameisenigel und das Schnabeltier
3. der Blauwal
4. das Land
5. die Fledermaus
6. die meisten Säugetiere
7. hoch entwickeltes Gehirn
8. fast alle Säugetiere (Ausnahme Winterschläfer)
9. keine Säugetiere
10. Lungen

Antwortblatt 2: Vögel

11. fast 9 000
12. der Strauß
13. alle weiblichen Vögel
14. die meisten Vögel
15. keine Zähne
16. über 39° Celsius
17. wenige Drüsen
18. die meisten Vögel
19. wenige männliche Vögel
20. besser als der Mensch

Antwortblatt 3: Kriechtiere

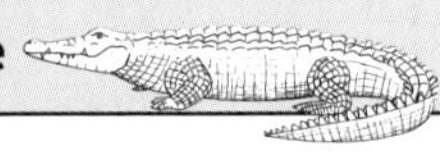

21. etwa 6 000 Kriechtierarten
22. bis zu 10 Meter
23. die Zauneidechse
24. wechselwarme Tiere
25. der subtropischen und tropischen Klimazone
26. die meisten weiblichen Kriechtiere
27. Hornschuppen oder Hornplatten
28. fast alle Kriechtiere
29. manche Kriechtiere
30. (sehr) gut riechen

Antwortblatt 4: Lurche

31. etwa 3 000 Lurcharten
32. wenige Lurcharten
33. feuchten Gebieten
34. 0,01 m bis 1,5 m
35. eine nackte, schleimige Haut
36. manche Lurche
37. 4 Füße
38. Laich(en)
39. Kiemen
40. Lungen

Antwortblatt 5: Fische

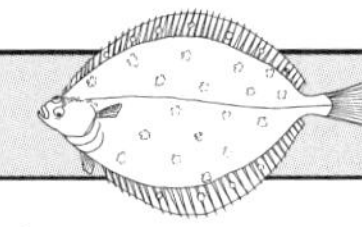

41. etwa 25 000 Fischarten
42. 0,01 m bis 15 m
43. die meisten Fische
44. die meisten Fische
45. alle Knorpelfische
46. bei einigen Fischarten
47. die meisten weiblichen Fische
48. einige Fischarten
49. wechselwarmes Blut
50. mehr als 4 Flossen

Antwortblatt 6: Gliederfüßer

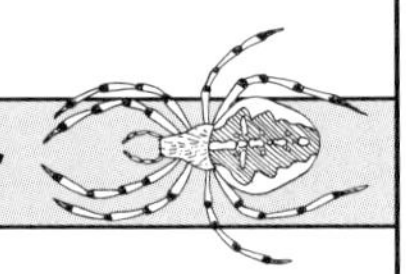

51. Spinnen
52. 6 Beine
53. sehr viele Tierarten
54. Chitin
55. Tracheen
56. Kopfläuse
57. Kopf, Brust, Hinterleib
58. offenen Blutkreislauf
59. 4 Beinpaare
60. Milben

Antwortblatt 7: Wirbellose Tiere

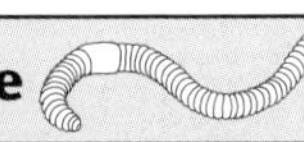

61. im 19. Jh.
62. ca. 95 % aller Tierarten
63. mehr als 25 Tierstämme
64. Einzeller
65. die Auster
66. der Riesenkalmar
67. kleiner als Wirbeltiere
68. ein Außenskelett
69. die Insekten
70. (weitaus) tieferen Entwicklungsstufen

Antwortblatt 8: Einzellige Lebewesen

71. Urtiere
72. fast 40 000 Arten einzelliger Lebewesen
73. das Wasser oder die feuchte Erde
74. unter 2 mm groß
75. Wurzelfüßer
76. die meisten einzelligen Lebewesen
77. Geißeln
78. Organellen
79. geschlechtlich oder ungeschlechtlich
80. Krankheitserreger

Heitmann, Friedhelm/Roleff-Scholz, Dorle: Biologie im Spiel 3

4. Was ist richtig?: **Blanko-Antwortblatt**

Nr.	Aussage bzw. Frage	Antwort A	Antwort B	Antwort C	Lösung
Spieler/Team:			**Gesamtpunktzahl:**		

5. KOFGA – ein Zuordnungsspiel

Spielerzahl:

ab 2 Spielern/Teams

Spielmaterialien:

- pro Spieler/Team 5 Anzeigekarten (s. Vorlage S. 45), evtl. 1 Spielplan (s. Vorlage S. 46), evtl. 50 Spielkärtchen (s. Vorlage S. 47), evtl. 1 Schreibstift
- für den Spielleiter 1 Spielplan (s. Vorlage S. 46), 1 Lösungsblatt (s. Vorlage S. 47), 1 Schreibstift und Blanko-Papier bzw. Kreide und Wandtafel zum Notieren der von den einzelnen Spielern/Teams erzielten Punkte

Tipp: *Die Anzeigekarten und die Spielkärtchen auf stärkeres Papier (z. B. 120 g) kopieren oder auf Pappe aufziehen, anschließend laminieren und ausschneiden. Die Spielkärtchen und der Spielplan können mittels Fotokopieren vorab vergrößert werden.*

Spielregeln:

Im vorliegenden Spiel geht es um die Zuordnung von Wirbeltieren in das System. „KOFGA" ist die Abkürzung für „**K**lasse, **O**rdnung, **F**amilie, **G**attung, **A**rt". Tiere werden gewöhnlich nach dieser Systematik, d. h. nach dem Grad ihrer Verwandtschaft, zusammengestellt.

Spielverlauf:

Je Spielrunde nennt der neutrale Spielleiter (z. B. der Lehrer) einen ausgewählten Tiernamen (vgl. Vorlage S. 47). Danach haben die Spieler/Teams durch Aufdecken bzw. Hochheben einer Anzeigekarte zu antworten, ob damit eine Tierklasse, Tierordnung, Tierfamilie, Tiergattung oder Tierart angesprochen worden ist. Für jede richtige Antwort gibt es einen Punkt.

Spielsieg:

Gewinner ist, wer nach Ablauf einer vereinbarten Anzahl von Spielrunden bzw. nach Ende einer vereinbarten Spielzeit die meisten Punkte errungen hat.

Spielvariationen:

- Die 50 Spielkärtchen (s. Vorlage S. 47) werden gemischt und anschließend verdeckt nebeneinander oder als Stapel abgelegt. Die Spieler/Teams sind abwechselnd an der Reihe. Es gilt das jeweils aufgedeckte Spielkärtchen korrekt der jeweiligen Anzeigekarte zuzuordnen.
- Jeder Spieler/jedes Team erhält einen Spielplan (s. Vorlage S. 46) sowie 50 Spielkärtchen (s. Vorlage S. 47). Die Spieler/Teams müssen die einzelnen Tiernamen auf dem Spielplan richtig in das System einordnen (schriftlich bzw. durch Auflegen der Spielkärtchen).
- Der neutrale Spielleiter (z. B. der Lehrer) nennt jeweils eine Tierart (z. B. Teichfrosch). Wer an der Reihe ist, muss sagen, zu welcher Gattung, zu welcher Familie, zu welcher Ordnung und zu welcher Klasse die genannte Tierart gehört.
- Anstelle der vorgegebenen Tiernamen (s. Vorlage S. 47) lassen sich andere Tiernamen (auch aus anderen Tierstämmen) systematisch zuordnen.

5. KOFGA: **Anzeigekarten**

Ordnung	Art
Klasse	Gattung
	Familie

5. KOFGA: **Spielplan**

Klasse	Ordnung	Familie	Gattung	Art	Erzielte Punktzahl
Spieler/Team:			**Gesamtpunktzahl:**		

5. KOFGA: **Spielkärtchen und Lösungen**

Klasse	**Ordnung**	**Familie**	**Gattung**	**Art**	**Erzielte Punktzahl**
Säugetiere	Raubtiere	Hundsrobben	Seehund	Seehund	
Säugetiere	Herrentiere	Echte Menschen	Mensch	Mensch	
Vögel	Sperlingsvögel	Finken	Fink	Buchfink	
Vögel	Taubenvögel	Tauben	Taube	Ringeltaube	
Kriechtiere	Schuppen-Kriechtiere	Schleichen	Blindschleiche	Gewöhnliche Blindschleiche	
Kriechtiere	Schildkröten	Landschildkröten	Landschildkröte	Griechische Landschildkröte	
Lurche	Froschlurche	Echte Frösche	Frosch	Teichfrosch	
Lurche	Schwanzlurche	Molche und Salamander	Salamander	Feuersalamander	
Fische	Haiähnliche	Stachelhaie	Stachelhai	Dornhai	
Fische	Lachsfische	Lachsfische	Forelle	Regenbogenforelle	
Spieler/Team:			**Gesamtpunktzahl:**		

6. Olympische Spiele der Tiere – ein Tippspiel

Spielerzahl:
ab 2 Spielern/Teams

Spielmaterialien:

- je Spieler/Team 1 Antwortblatt (s. Vorlage S. 49), 1 Schreibstift, evtl. Blanko-Papier zum Notieren der Tier-Platzierungen
- für den Spielleiter 10 Spielkarten (s. Vorlagen S. 50–54), 1 Schreibstift und Blanko-Papier bzw. Kreide und Wandtafel zum Notieren der Tierwettbewerbe, Tiernamen sowie der von den einzelnen Spielern/Teams erzielten Punkte

Tipp: *Die Spielkarten auf stärkeres Papier (z. B. 120 g) kopieren oder auf Pappe aufziehen, ausschneiden und dann an der gestrichelten Knicklinie falten und Rücken an Rücken festkleben, evtl. anschließend laminieren.*

Spielregeln:

Tiere vollbringen enorme, gigantische, ja „olympiareife" sportliche Leistungen – darum geht es im vorliegenden Spiel. In diesem Spiel gilt es zu schätzen, welche Tiere in den spielerisch simulierten Vergleichen (= „Wettbewerben") die ersten drei Plätze belegen würden.

Spielablauf:

Je Spielrunde (= Tierwettbewerb) werden von einem neutralen Spielleiter (z. B. dem Lehrer) den Spielern/Teams mündlich oder schriftlich, z. B. durch Tafelanschrieb bzw. Zeigen der Vorderseite der jeweiligen Spielkarte, die 10 beteiligten Tiere in alphabetischer Reihenfolge genannt. Danach müssen die einzelnen Spieler/Teams für sich tippen und sogleich auf ihrem Antwortblatt (s. Vorlage S. 49) notieren, welches Tier wohl den 1. Platz (= „Goldmedaille"), welches den 2. Platz (= „Silbermedaille") und welches den 3. Platz (= „Bronzemedaille") erreichen würde.
Nach dem Notieren der Tipps durch die Spieler/Teams gibt der Spielleiter für den jeweiligen Tierwettbewerb die tatsächlichen Platzierungen bekannt (s. Rückseite der betreffenden Spielkarte). Anschließend erfolgt für die Spieler/Teams die Punktvergabe: Für jedes vermutete Tier, das wirklich zu den besten drei des Tierwettbewerbs gehört, erhält der jeweilige Spieler/das jeweilige Team einen Punkt. Einen Zusatzpunkt bekommt man, wenn die vermutete Platzierung des Tieres mit der tatsächlichen Platzierung übereinstimmt. Zur Punktvergabe und Kontrolle könnten/sollten die Spieler/Teams ihre Spielpläne am Ende jeder Spielrunde oder (zumindest) zum Schluss des Spiels vorübergehend austauschen.

Spielsieg:

Der Spieler/das Team, der/das nach 10 Spielrunden (= 10 Tierwettbewerbe) die höchste Gesamtpunktzahl besitzt, gewinnt das Spiel.

Spielvariationen:

- Die Spieler/Teams geben ihre Tipps mündlich ab. Der Spielleiter notiert die einzelnen Tipps (z. B. an einer Wandtafel).
- Nicht nur die ersten drei Tiere des jeweiligen Tierwettbewerbs müssen getippt werden, sondern die Gesamtreihenfolge. Je nachdem, um wie viele Ränge man sich je Tier verschätzt hat, gibt es Minuspunkte. Wer zum Schluss die geringste Minuspunktzahl aufweist, ist Spielgewinner.
- Auch die Leistungen der Tiere (z. B. die Maximalgeschwindigkeit) müssen geschätzt werden. Wer mit seiner Schätzung der tatsächlichen Tierleistung am nächsten kommt, erhält einen Punkt. Einen Zusatzpunkt gibt es, wenn die Schätzung genau richtig ist.
- Andere als die genannten Punktwertungen sind möglich.
- Weitere Tierwettbewerbe können spielerisch konstruiert werden. Dafür erforderliche Daten lassen sich aus Tierbüchern bzw. -lexika entnehmen.

Quellennachweis:

Das große Buch des Allgemeinwissens – Natur, ein umfassendes Nachschlagewerk über das Leben auf der Erde. Stuttgart, Zürich, Wien 1996

Dossenbach, Monika/Dossenbach, Hans D.: *Spitze! Höchstleistungen im Tierreich.* Luzern 1994

Flindt, Reiner: *Biologie in Zahlen* – eine Datensammlung in Tabellen mit über 10 000 Einzelwerten. 3. Auflage. Stuttgart, New York 1988

Medizini – die pfiffige Zeitschrift aus deiner Apotheke. Nr. 4/1996

6. Olympische Spiele der Tiere: **Antwortblatt**

Wettbewerb	**Tipp: 1. Platz („Goldmedaille")**	**Tipp: 2. Platz („Silbermedaille")**	**Tipp: 3. Platz („Bronzemedaille")**	**Erzielte Punktzahl**
Sprint				
Weitsprung				
Hochsprung				
Schnellkriechen				
Schnell-schwimmen				
Dauertauchen				
Tieftauchen				
Hochflug				
Schnellflug				
Weitflug				
Spieler/Team:			**Gesamtpunktzahl:**	

6. Olympische Spiele der Tiere: **Spielkarten 1**

Wettbewerb: Sprint Tiere in alphabetischer Reihenfolge:	**Wettbewerb: Sprint** Platzierungen der Tiere:		
Flusspferd	1.)	Gepard	120 km/h
Gabelbock	2.)	Windhund	110 km/h
Gazelle	3.)	Gabelbock	92 km/h
Gepard	4.)	Rotes Riesenkänguru	80 km/h
Hase	5.)	Gazelle	75 km/h
Rotes Riesenkänguru	6.)	Strauß	72 km/h
Rennpferd	7.)	Hase	70 km/h
Strauß	8.)	Rennpferd	69 km/h
Windhund	9.)	Zebra	65 km/h
Zebra	10.)	Flusspferd	48 km/h

Vorderseiten Rückseiten

Wettbewerb: Weitsprung Tiere in alphabetischer Reihenfolge:	**Wettbewerb: Weitsprung** Platzierungen der Tiere:		
Afrikanischer Spitzmaulfrosch	1.)	Weißwedelhirsch	14 m
Floh	2.)	Känguru	12,8 m
Heuschrecke	3.)	Impala (Antilope)	10 m
Impala (Antilope)	4.)	Löwe	5 m
Känguru	5.)	Afrikanischer Spitzmaulfrosch	3,6 m
Löwe	6.)	Rennkuckuck	3 m
Rennkuckuck	7.)	Springmaus	2,5 m
Springmaus	8.)	Heuschrecke	2 m
Waldmaus	9.)	Waldmaus	0,7 m
Weißwedelhirsch	10.)	Floh	0,6 m

6. Olympische Spiele der Tiere: **Spielkarten 2**

Wettbewerb: Hochsprung Tiere in alphabetischer Reihenfolge:	**Wettbewerb: Hochsprung** Platzierungen der Tiere:	
Hase	1.) Hund	5 m
Hund	2.) Puma	4,5 m
Känguru	3.) Tiger	4 m
Lachs	4.) Steinbock	3,7 m
Pferd	5.) Lachs	3 m
Puma	6.) Pferd	2,5 m
Steinbock	7.) Zebra	2,3 m
Tiger	8.) Hase	2,1 m
Wüstenspringmaus	9.) Känguru	2 m
Zebra	10.) Wüstenspringmaus	0,5 m

Vorderseiten   Rückseiten

Wettbewerb: Schnellkriechen Tiere in alphabetischer Reihenfolge:	**Wettbewerb: Schnellkriechen** Platzierungen der Tiere:	
Grüne Mamba	1.) Smaragdeidechse	29 km/h
Hausspinne	2.) Schwarze Mamba	17,6 km/h
Klapperschlange	3.) Grüne Mamba	11,3 km/h
Riesenschildkröte	4.) Klapperschlange	4 km/h
Schwarze Mamba	5.) Strandkrabbe	3,6 km/h
Smaragdeidechse	6.) Hausspinne	1,3 km/h
Kiefernspinner-Raupe	7.) Tausendfüßler	1 km/h
Strandkrabbe	8.) Riesenschildkröte	0,33 km/h
Tausendfüßler	9.) Kiefernspinner-Raupe	0,018 km/h
Weinbergschnecke	10.) Weinbergschnecke	0,003 km/h

6. Olympische Spiele der Tiere: **Spielkarten 3**

Wettbewerb: Schnellschwimmen Tiere in alphabetischer Reihenfolge:	**Wettbewerb: Schnellschwimmen** Platzierungen der Tiere:		
Delfin	1.)	Schwertfisch	90 km/h
Eisbär	2.)	Tunfisch	75 km/h
Eselspinguin	3.)	Schwertwal	65 km/h
Forelle	4.)	Delfin	46 km/h
Riesentintenfisch	5.)	Riesentintenfisch	40 km/h
Ringelnatter	6.)	Eselspinguin	36 km/h
Ringelrobbe	7.)	Forelle	35 km/h
Schwertfisch	8.)	Ringelrobbe	32 km/h
Schwertwal	9.)	Eisbär	10 km/h
Tunfisch	10.)	Ringelnatter	2,9 km/h

Vorderseiten Rückseiten

Wettbewerb: Dauertauchen Tiere in alphabetischer Reihenfolge:	**Wettbewerb: Dauertauchen** Platzierungen der Tiere:		
Blauwal	1.)	Pottwal	90 min
Eisbär	2.)	Blauwal	50 min
Kormoran	3.)	Weddelrobbe	40 min
Otter	4.)	See-Elefant	30 min
Papageitaucher	5.)	Seehund	15 min
Pinguin	6.)	Pinguin	7 min
Pottwal	7.)	Papageitaucher	4 min
Seehund	8.)	Otter	3 min
See-Elefant	9.)	Eisbär	1,5 min
Weddelrobbe	10.)	Kormoran	0,4 min

Heitmann, Friedhelm/Roleff-Scholz, Dorle: Biologie im Spiel 3

6. Olympische Spiele der Tiere: **Spielkarten 4**

Wettbewerb: Tieftauchen Tiere in alphabetischer Reihenfolge:	**Wettbewerb: Tieftauchen** Platzierungen der Tiere:		
Blauwal	1.)	Pottwal	1 335 m
Delfin	2.)	Weddelrobbe	600 m
Fischotter	3.)	Blauwal	500 m
Flusspferd	4.)	Delfin	300 m
Haubentaucher	5.)	Pinguin	265 m
Kormoran	6.)	Walross	90 m
Pinguin	7.)	Fischotter	19 m
Pottwal	8.)	Kormoran	16 m
Walross	9.)	Flusspferd	10 m
Weddelrobbe	10.)	Haubentaucher	3 m

Vorderseiten Rückseiten

Wettbewerb: Hochflug Tiere in alphabetischer Reihenfolge:	**Wettbewerb: Hochflug** Platzierungen der Tiere:		
Albatros	1.)	Sperbergeier	11 270 m
Andenkondor	2.)	Indische Streifengans	9 000 m
Bartgeier	3.)	Bartgeier	8 500 m
Buchfink	4.)	Albatros	7 200 m
Indische Streifengans	5.)	Andenkondor	5 500 m
Kranich	6.)	Kranich	4 500 m
Rauchschwalbe	7.)	Weißstorch	4 000 m
Ringeltaube	8.)	Rauchschwalbe	2 800 m
Sperbergeier	9.)	Ringeltaube	1 400 m
Weißstorch	10.)	Buchfink	700 m

6. Olympische Spiele der Tiere: **Spielkarten 5**

Wettbewerb: Schnellflug Tiere in alphabetischer Reihenfolge:	**Wettbewerb: Schnellflug** Platzierungen der Tiere:		
Brieftaube	1.)	Hirschbremse	1 300 km/h
Flugfisch	2.)	Stachelschwanzsegler	335 km/h
Hirschbremse	3.)	Wanderfalke (Sturzflug)	310 km/h
Kormoran	4.)	Mauersegler	180 km/h
Mauersegler	5.)	Brieftaube (mit Rückenwind)	177 km/h
Rebhuhn	6.)	Stockente	104 km/h
Stachelschwanzsegler	7.)	Wildgans	91 km/h
Stockente	8.)	Rebhuhn	85 km/h
Wanderfalke	9.)	Flugfisch	75 km/h
Wildgans	10.)	Kormoran	70 km/h

Vorderseiten | Rückseiten

Wettbewerb: Weitflug (Hin- und Rückflug) Tiere in alphabetischer Reihenfolge:	**Wettbewerb: Weitflug** (Hin- und Rückflug) Platzierungen der Tiere:		
Kiebitz	1.)	Küstenseeschwalbe	20 000 km
Klappergrasmücke	2.)	Kurzschwanzsturmtaucher	17 500 km
Kranich	3.)	Nordamerikanischer Goldregenpfeifer	15 000 km
Kuckuck	4.)	Storch	10 000 km
Küstenseeschwalbe	5.)	Kuckuck	9 500 km
Kurzschwanzsturmtaucher	6.)	Kranich	6 500 km
Nordamerikanischer Goldregenpfeifer	7.)	Klappergrasmücke	6 000 km
Singdrossel	8.)	Wachtel	5 000 km
Storch	9.)	Kiebitz	3 000 km
Wachtel	10.)	Singdrossel	2 600 km

6. Olympische Spiele der Tiere: **Blanko-Karten**

Wettbewerb: Tiere in alphabetischer Reihenfolge:	**Wettbewerb:** Platzierungen der Tiere:

Vorderseiten

Rückseiten

Wettbewerb: Tiere in alphabetischer Reihenfolge:	**Wettbewerb:** Platzierungen der Tiere:

6. Olympische Spiele der Tiere: **Blanko-Antwortblatt**

Wettbewerb	Tipp: 1. Platz („Goldmedaille")	Tipp: 2. Platz („Silbermedaille")	Tipp: 3. Platz („Bronzemedaille")	Erzielte Punktzahl
Spieler/Team:			Gesamtpunktzahl:	

7. Wer frisst was/wen? – ein Zuordnungsspiel

Spielerzahl:

ab 2 Spielern/Teams

Spielmaterialien:

- 1 Spielplan (s. Vorlage S. 58, am besten auf DIN A3 vergrößern)
- für den Spielleiter 1 Lösungsblatt (s. Vorlage S. 59), 1 Schreibstift und Blanko-Papier, um die Punkte der Spieler zu notieren

Spielregeln:

In diesem Spiel geht es um Nahrungsbeziehungen. Auf dem Spielplan befinden sich in der Mitte 24 Nahrungskarten, auf denen Nahrung genannt wird, die von den außen angeordneten 24 Tieren aufgenommen wird. Es gilt nun die entsprechenden „Nahrungspaare" (Tier und dazugehörige Nahrung) herauszufinden.
Wer ein richtiges „Nahrungspaar" errät, erhält einen Punkt, der vom Spielleiter notiert wird.

Spielablauf:

Reihum im Uhrzeigersinn müssen die Spieler zuerst ein Tier und die dazugehörige Nahrung nennen sowie darauf zeigen. Handelt es sich um ein richtiges Paar, so erhält der Spieler einen Punkt und die Tierkarte wird durch Auflegen eines Papierschnipsels oder einer Spielmarke entwertet. Ist die Zuordnung Tier/Nahrung falsch, so ist der nächste Spieler an der Reihe und das Tier bleibt im Rennen. Es wird so lange gespielt, bis alle Tierkarten entwertet sind.

Spielsieg:

Gewonnen hat der Spieler, der am Ende des Spiels die meisten Punkte hat.

Spielvariationen:

- Das Spiel wird schwerer, wenn man die Tierkarten nicht entwertet und eine bestimmte Zeit, z. B. 20 Minuten, vorgibt. Innerhalb dieser Zeit müssen die Spieler möglichst viele verschiedene Paare erraten.
- Das Spiel wird einfacher, indem man auch die Nahrungskarten entwertet. So wird es immer leichter, die richtigen Paare zu finden.
- Möglich ist es, Strafpunkte zu verteilen, die von den gewonnenen Punkten abgezogen werden.
- In das Spiel wird ein Würfel aufgenommen. Das Würfelergebnis des jeweiligen Spielers bestimmt, wie viele Nahrungspaare er zuordnen darf.
- Man kann weitere Paare (Tier/Nahrung) auf die Blanko-Vorlagen schreiben, die Karten ausschneiden, alle Karten offen gemischt auf einen Tisch legen und die Spieler nacheinander Nahrungspaare suchen lassen. Richtige Paare dürfen abgelegt werden. Wer die meisten Paare hat, hat gewonnen.

7. Wer frisst was/wen?: **Spielplan**

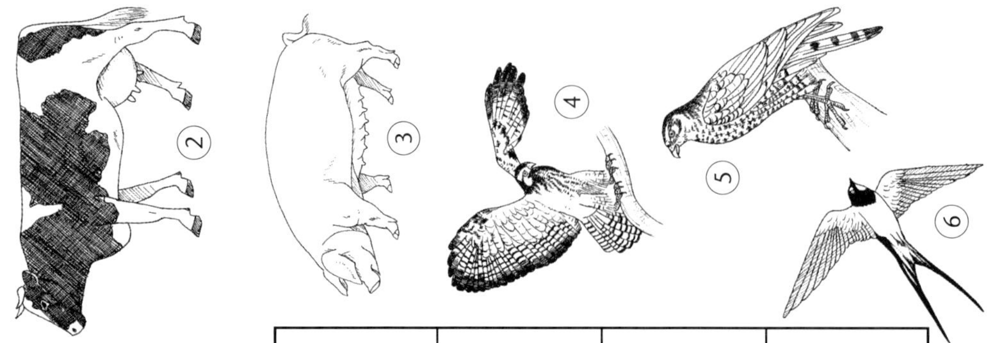

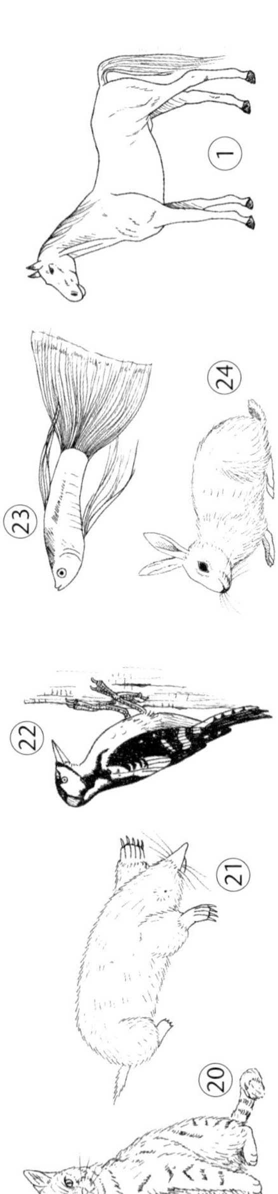

Fische, Frösche, Schnecken ...	Blut von Warmblütern ...	Mücken, Fliegen, Bremsen ...	Kolbenhirse, Salat ...	Mückenlarven, Wasserflöhe, Algen ...	Borkenkäfer, Insekten, Fichtenzapfen ...
Kaninchen, Mäuse, Geflügel ...	Grüne, saftige Blätter (Salat) ...	Nüsse, Eicheln, Vogeleier ...	Eicheln, Mais, Kartoffeln, Fleisch ...	Gras, Salat, Möhren ...	Insekten, Schnecken, Würmer ...
Erde, Wurzeln, faulende Blätter ...	Weidepflanzen, Gräser ...	Getreide, Käse, Käfer, Würmer ...	Kaninchen, Mäuse, Maulwürfe ...	Heu, Hafer, Gras, Möhren ...	Fisch, Fleisch, Mäuse ...
Blut von Warmblütern ...	Essensreste, Kot, Fleisch ...	Nektar, Blütenpollen ...	Eichhörnchen, Hasen, Tauben ...	Gräser, Löwenzahn, Kräuter ...	Pansen, Fleisch ...

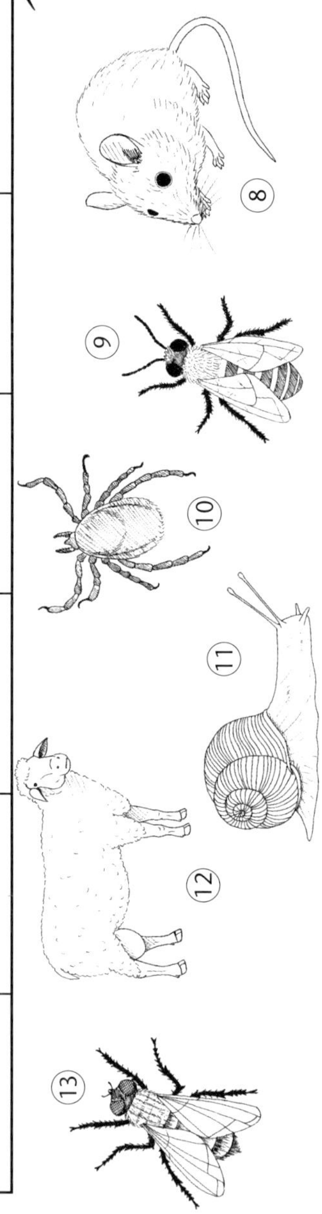

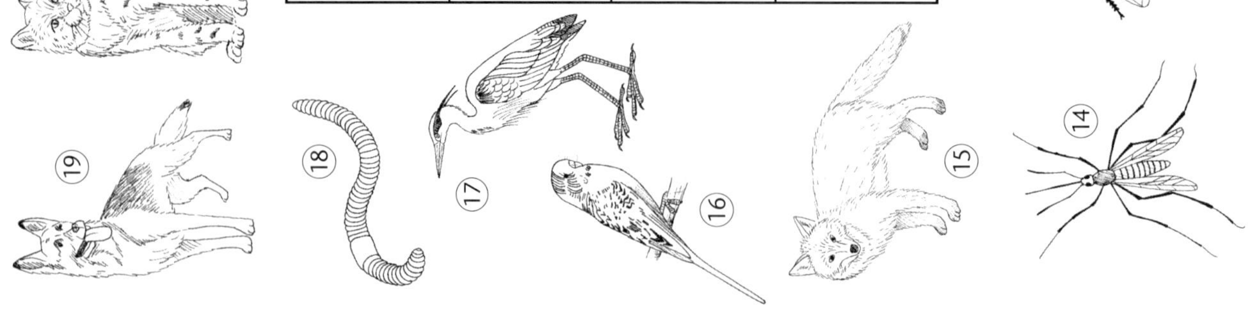

7. Wer frisst was/wen?: **Lösungen**

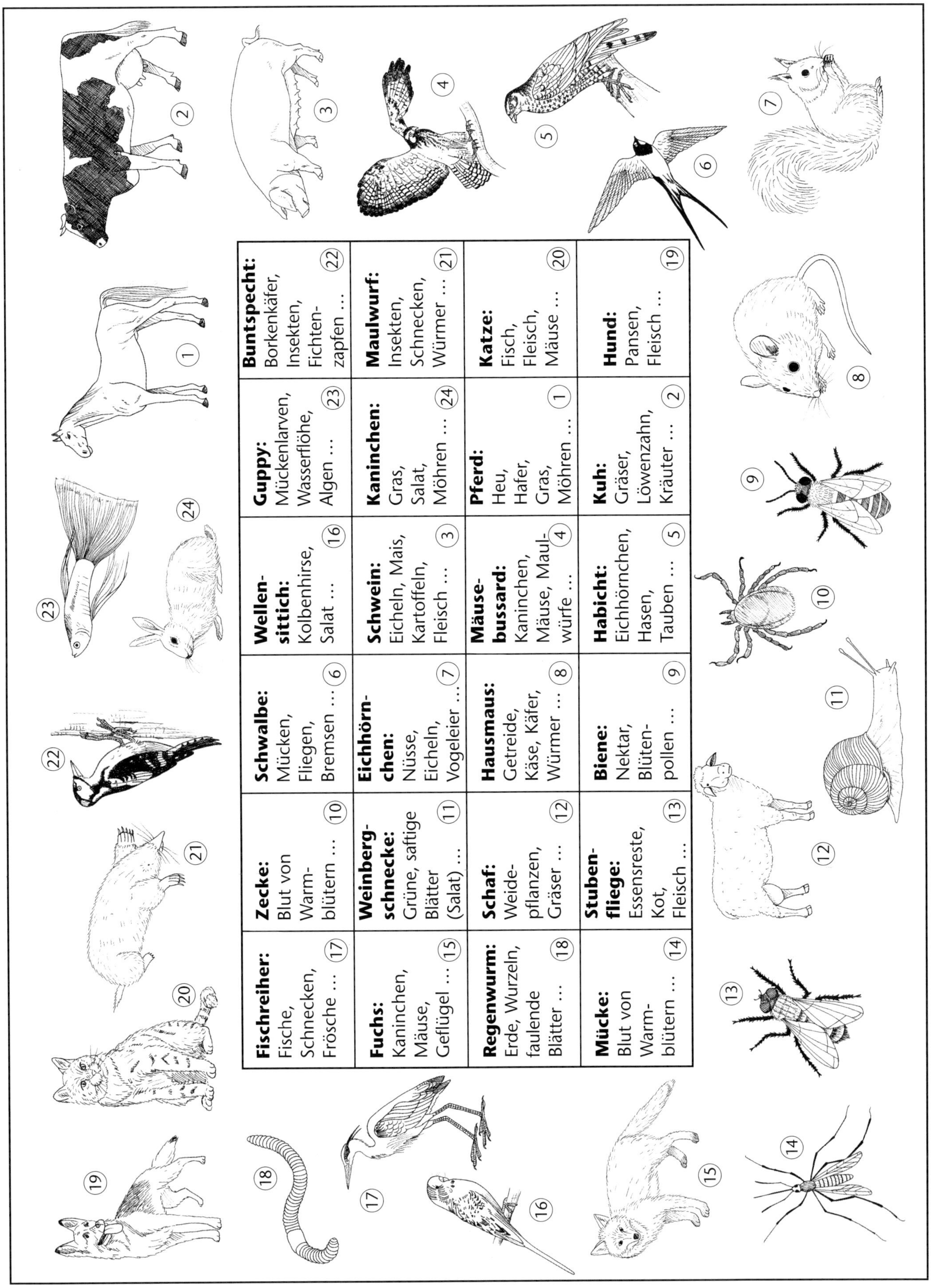

Fischreiher: Fische, Schnecken, Frösche … (17)	**Zecke:** Blut von Warmblütern … (10)	**Schwalbe:** Mücken, Fliegen, Bremsen … (6)	**Wellensittich:** Kolbenhirse, Salat … (16)	**Guppy:** Mückenlarven, Wasserflöhe, Algen … (23)	**Buntspecht:** Borkenkäfer, Insekten, Fichtenzapfen … (22)
Fuchs: Kaninchen, Mäuse, Geflügel … (15)	**Weinbergschnecke:** Grüne, saftige Blätter (Salat) … (11)	**Eichhörnchen:** Nüsse, Eicheln, Vogeleier … (7)	**Schwein:** Eicheln, Mais, Kartoffeln, Fleisch … (3)	**Kaninchen:** Gras, Salat, Möhren … (24)	**Maulwurf:** Insekten, Schnecken, Würmer … (21)
Regenwurm: Erde, Wurzeln, faulende Blätter … (18)	**Schaf:** Weidepflanzen, Gräser … (12)	**Hausmaus:** Getreide, Käse, Käfer, Würmer … (8)	**Mäusebussard:** Kaninchen, Mäuse, Maulwürfe … (4)	**Pferd:** Heu, Hafer, Gras, Möhren … (1)	**Katze:** Fisch, Fleisch, Mäuse … (20)
Mücke: Blut von Warmblütern … (14)	**Stubenfliege:** Essensreste, Kot, Fleisch … (13)	**Biene:** Nektar, Blütenpollen … (9)	**Habicht:** Eichhörnchen, Hasen, Tauben … (5)	**Kuh:** Gräser, Löwenzahn, Kräuter … (2)	**Hund:** Pansen, Fleisch … (19)

7. Wer frisst was/wen?: **Blanko-Spielplan**

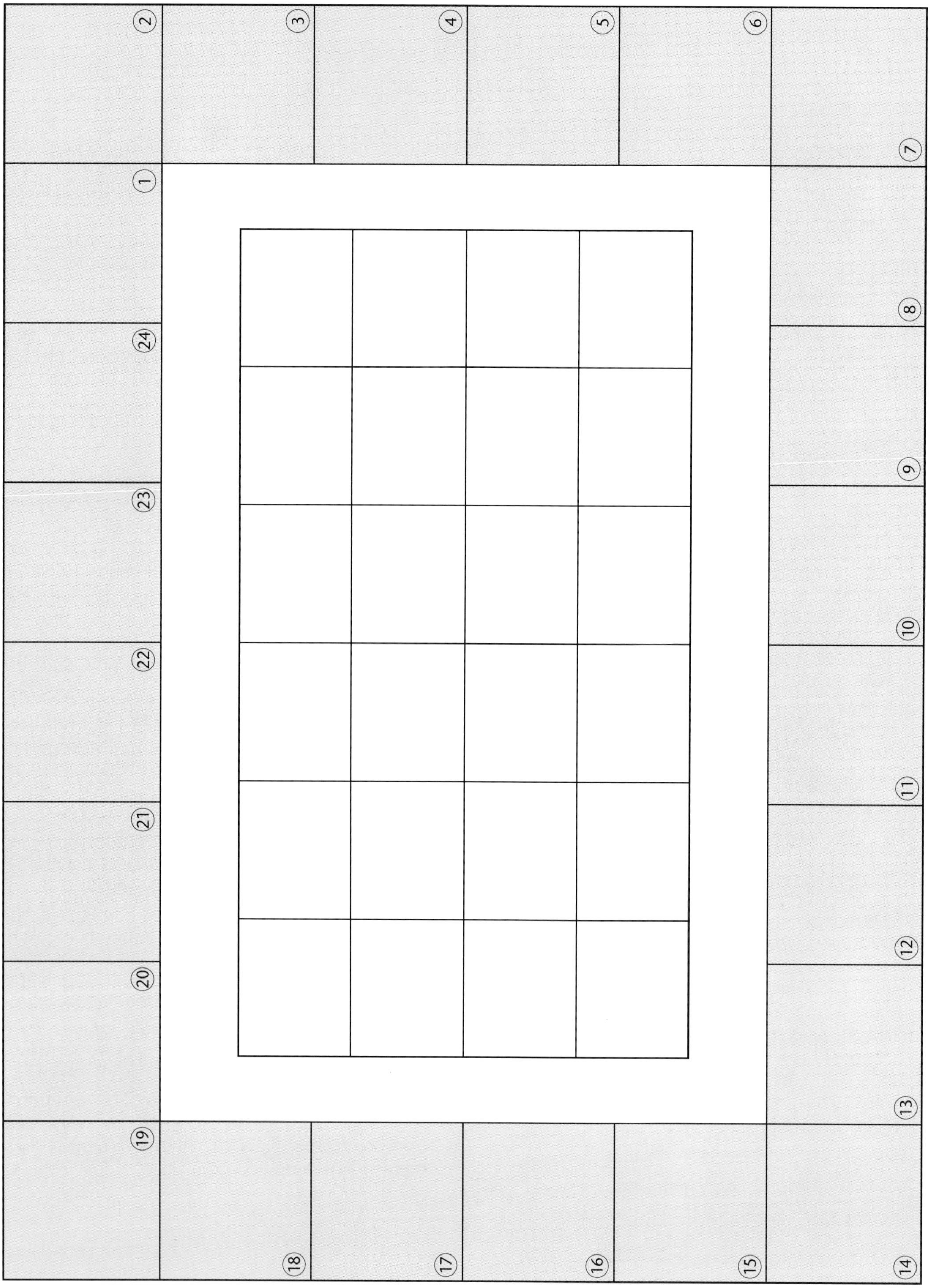

8. Tier und Mensch – ein Frage- und Antwortspiel

Spielerzahl:

2–5 Spieler/Teams

Spielmaterialien:

- 40 Frage-Antwort-Karten (s. Vorlagen S. 62–66)
- pro Spieler/Team 1 Spinnennetz-Punkteplan (s. Vorlage S. 68)
- Buntstifte

Tipp: *Die Frage-Antwort-Karten auf stärkeres Papier (z. B. 120 g) kopieren oder auf Pappe aufziehen, anschließend laminieren und ausschneiden. Auf der Rückseite der Spielkarten lassen sich die Lösungen aufkleben oder notieren.*

Spielregeln:

Dieses Spiel beschäftigt sich mit den Vorteilen bzw. dem Nutzen, den der Mensch durch die Tiere erfährt. Ganz alltägliche Gegebenheiten aus unterschiedlichen Bereichen (Nahrungsmittel, Medizin, Kleidung, Freizeit usw.) werden hier spielerisch bewusst gemacht.
Die 40 Frage-Antwort-Karten werden mit der Frageseite nach oben sichtbar an die Spieler verteilt. Bleibt eine Karte übrig, wird sie als „Start-Fragekarte" in die Mitte gelegt. Wer als Erster die Frage richtig beantworten kann, beginnt mit dem Spiel. Gibt es, z. B. bei 6 Spielern, 4 überzählige Karten, so nimmt man diese vor Beginn aus dem Spiel heraus, damit jeder Spieler die gleiche Anzahl Karten erhält. Jeder Spieler bekommt einen Spinnennetz-Punkteplan, in den die erworbenen Punkte eingetragen werden sollen. Für jede richtige Antwort gibt es 10 Punkte und es darf 1 Feld im Spinnennetz ausgemalt werden – mit Buntstiften sieht es ansprechender aus und die Spieler können ihr Spinnennetz farbig gestalten. Man beginnt im Inneren des Netzes mit dem Ausmalen und darf für jede richtige Antwort ein weiteres, direkt benachbartes Feld ausmalen, sodass man spiralförmig nach außen wandert. Je nach Anzahl der Spieler kann man sich auch vor Spielbeginn darauf einigen, bei einer richtigen Antwort drei Felder auszumalen, mit dem Ziel, das Spinnennetz möglichst zu vollenden.

Spielablauf:

Die Spieler müssen nun nacheinander eine ihrer vor ihnen liegenden Karten vorlesen und versuchen zu beantworten. Ist die Antwort richtig, so dürfen sie vom Mittelpunkt des Spinnennetzes beginnend 1 Feld ausmalen. Die richtige Antwort darf der Spieler vorlesen, die falsche darf er nicht laut lesen. Die richtig beantwortete Karte wird aus dem Spiel herausgenommen. Ist die Antwort nicht richtig, so wiederholt der Spieler die Frage und richtet sie an den nächsten Spieler/übernächsten Spieler usw. Weiß keiner die richtige Antwort, so wird die Karte mit der Frageseite nach oben in die Mitte gelegt.
Man spielt so lange, bis alle Karten aus dem Spiel herausgenommen wurden bzw. in der Mitte zwischen den Spielern liegen. Die Fragekarten in der Mitte werden zum Schluss nochmals gezogen und versucht zu beantworten. Zumindest die Spieler, die die Karten in der Hand hatten, müssten sich an die Antworten erinnern. Nach einer Runde wird das Spiel beendet.

Spielsieg:

Die Spieler vergleichen ihre Spinnennetze und wer sein Netz am weitesten gesponnen hat, hat gewonnen.

Spielvariationen:

- Die Karten werden auf einen großen Stapel mit der Vorderseite nach oben in die Mitte gelegt und nacheinander von den Spielern gezogen und versucht zu beantworten.
- Die Karten werden alle nebeneinander gelegt und jeder Spieler darf sich Fragen zum Beantworten aussuchen. Ist die Antwort richtig, geht die Karte an den Spieler, ist sie falsch, bleibt sie auf dem Tisch liegen.
- Man kann Jokerkarten einbauen und so z. B. 30 Punkte auf einmal vergeben, sodass man noch schneller zu einem fertigen Spinnennetz kommt. Dafür werden Scheinfragen (Beispiel: Wie heißt die gemeinsame Sprache von Tieren und Menschen? – Es gibt keine gemeinsame Sprache, aber du bekommst 30 Punkte geschenkt) auf die Blankokarten geschrieben. Wenn der Spieler die Antwort lesen möchte, steht auf der Rückseite der Joker mit der entsprechenden Punktzahl. Der Spieler darf sich die Karte nehmen und sein Spinnennetz drei benachbarte Felder weiter ausmalen.

8. Tier und Mensch: **Spielkarten 1**

Bienen	Welche Tiere sorgen dafür, dass eine Apfelblüte nicht nur durch den Wind bestäubt wird und daraus dann ein Apfel entsteht?	In Austernzuchten werden die Austern zum einen für den Verzehr gezüchtet, zum anderen bringt man kleine Steinchen in die Austern und regt sie dazu an, … zu bilden.	**Perlen**
Therapeutisches Reiten	Gerade für geistig behinderte und körperbehinderte Menschen bietet der Umgang mit Pferden besonders wichtige Erfahrungen. Weißt du, wie man dieses „besondere" Reiten nennt?	Jeder echte Pferdefreund verschmäht diese Speise – aber für viele Menschen ist sie ein Genuss? Worum geht es hier?	**Pferdefleisch**
Wachhund/Schutzhund	Viele Menschen halten sich einen Hund, um Haus, Garten oder Firmengelände zu sichern. Solch einen Hund nennt man dann einen …?	Allein stehende Menschen halten sich einen Hund als Haustier. Was gibt dieser Hund den Menschen? Nenne mindestens 2 Gründe!	**Zuneigung, Freude, Vertrauen, Sicherheit, eine Aufgabe, Lebenssinn**
Blindenhunde	Wie heißen die speziell ausgebildeten Hunde, die Menschen mit einer Behinderung sicher durch den Straßenverkehr leiten?	Das Pferd liefert dem Menschen nicht nur Fleisch, Medikamente und Leder und hilft bei Waldarbeiten, sondern es bereitet zunehmend mehr Menschen Freude als Partner beim …?	**Sport, in der Freizeit, beim Reiten, Fahren, Voltigieren**

8. Tier und Mensch: **Spielkarten 2**

Hornspäne	Die zerkleinerten Hufe, Hörner und Krallen vieler Tiere werden im Gartenbau als guter Langzeitdünger verwendet. Wie heißt dieser Dünger?	Haarkämme sind aus Kunststoff oder aus einem tierischen Produkt gefertigt. Wie heißt dieses tierische Produkt?	**Horn/Schildpatt (= Hornplatte einer Seeschildkröte)**
Honigbienen	Wer stellt den so köstlich süß schmeckenden Honig her?	Ein ganz wichtiges Nahrungsmittel, das viele Vitamine, Mineralstoffe und viel Eiweiß enthält, wird von den Rindern fast täglich frisch hergestellt. Welches Nahrungsmittel ist das?	**Kuhmilch**
Elfenbein	Für die Herstellung von Schmuckstücken mussten schon viele Tiere sterben. Aus Afrika kommen Ketten, Ringe, Spangen und vieles mehr aus einem festen, glatten, fast weißen Material. Wie heißt dieses Material?	Ein preisgünstiger Braten wird aus Fleisch von einem … zubereitet.	**Schwein**
Ren (Rentiere)	Die Lappen (Samen) in Norwegen schützen sich vor der Kälte durch spezielle tierische Kleidung aus Fellen. Von welchen dort in Herden gehaltenen Tieren stammen diese Felle?	Gelatine ist in vielen Speisen enthalten, z. B. in Pudding, Weingummi, Gummibärchen. Gelatine ist ein tierisches Produkt. Woraus wird sie gewonnen?	**Aus tierischen Knochen, Knorpeln und Häuten**

8. Tier und Mensch: **Spielkarten 3**

richtig	Die **Florfliege** wird als Schädlingsbekämpfer auf Pflanzen, z. B. für die Beseitigung von Läusen, erfolgreich vom Menschen eingesetzt. Richtig oder falsch?	**Gelée royale** ist ein besonders köstlicher Brotaufstrich, den früher nur die Könige zu essen bekamen. Richtig oder falsch?	falsch
richtig	**Gelée royale** ist das so genannte Königinnenfutter, und zwar ein sehr gehaltvoller Futtersaft, mit dem die Bienen ihre Königin füttern. Richtig oder falsch?	**Seide** ist ein pflanzliches Produkt, das von den feinen Fasern des Seidenbaums gewonnen wird. Richtig oder falsch?	falsch
richtig	Die Raupen der Seidenspinner (asiatischer Schmetterling) spinnen zur Verpuppung einen Kokon aus einem einzigen Faden. Aus diesen Kokons gewinnt man **Seide.** Richtig oder falsch?	Aus den weiblichen Koschenille-Läusen wird der seit langer Zeit bekannte **Purpur**farbstoff gewonnen. Mit diesem Farbstoff wurden die roten „Königsmäntel" eingefärbt. Richtig oder falsch?	richtig
falsch	Koschenille-Läuse werden in Polen gesammelt, getrocknet, gemahlen und als scharfes **Gewürz** benutzt. Richtig oder falsch?	Schlangengift wird wegen seiner guten Reinigungskraft in Fleckenmitteln verwendet. Richtig oder falsch?	falsch

8. Tier und Mensch: **Spielkarten 4**

richtig	Schlangengift wird in der Humanmedizin in Form von Spritzen und Salben, z. B. bei einem „Hexenschuss", als Schmerzmittel eingesetzt. Richtig oder falsch?	Blutegel werden wegen ihrer großen Speicherfähigkeit von Blut als "lebende Blutkonserven" gehalten. Richtig oder falsch?	**falsch**
richtig	Bei Blutergüssen und Entzündungen setzt man als alternative Heilmethode Blutegel auf die entsprechende Stelle, um die Egel das Blut heraussaugen zu lassen. Dieser „Aderlass" hat einen heilenden Effekt für den Menschen. Richtig oder falsch?	Ameisen produzieren eine Säure, die in einer Salbe oder Lotion zur Förderung der Durchblutung eingesetzt wird. Richtig oder falsch?	**richtig**
falsch	Ameisensäure ist sehr gesund und wird mancherorts zum Säuern von Salatsoßen eingesetzt. Richtig oder falsch?	Die echten Seifen (Schmierseife, Kernseife) werden aus Tierfetten (Tran, Rindertalg, Schweineschmalz) hergestellt. Richtig oder falsch?	**richtig**
richtig	Das Gift der Vogelspinne wird zusammen mit einem Pflanzengift von Buschmännern als Pfeilgift verwendet. Richtig oder falsch?	Die Netze der einheimischen Spinnen dienen dem Menschen u. a. auch zur Gewinnung einer besonders feinen Textilfaser. Richtig oder falsch?	**falsch**

8. Tier und Mensch: **Spielkarten 5**

falsch	Die echten Seifen werden aus gekochten, tierischen Innereien hergestellt, die mit Parfümölen versetzt sind. Richtig oder falsch?	Schafwolle diente früher auch zur Isolation von Hauswänden. Richtig oder falsch?	**richtig**
falsch	Schafwolle wird auch heute noch – wegen des hohen Heizwertes – zum Heizen von Blockheizkraftwerken genutzt. Richtig oder falsch?	Das Horn vom Nashorn soll zerrieben und mit Speisen eingenommen, stimulierende (= den Geschlechtstrieb anregende) Wirkung haben. Man sagt es sei ein Aphrodisiakum. Richtig oder falsch?	**richtig**
richtig	Es gibt Tiere, z. B. Pferde, Schafe und Rinder, die so behandelt werden, dass sich in ihrem Blut spezielle Stoffe entwickeln, aus denen ein Impfserum für den Menschen gewonnen wird. Richtig oder falsch?	Die Florfliege ist ein für den Menschen eher lästiges Insekt. Sie sticht und saugt Blut. Richtig oder falsch?	**falsch**
richtig	Die im Kuhstall durch die Kühe entstehende Wärme wird teilweise abgeleitet und zu Heizzwecken genutzt. Richtig oder falsch?	Viele Tiere wirken in Fernsehserien oder auch in der Werbung mit. Kennst du den Namen eines tierischen Hundestars?	**Lassie – Rex – Benji**

8. Tier und Mensch: **Blanko-Karten**

8. Tier und Mensch: **Spinnennetz-Punkteplan**

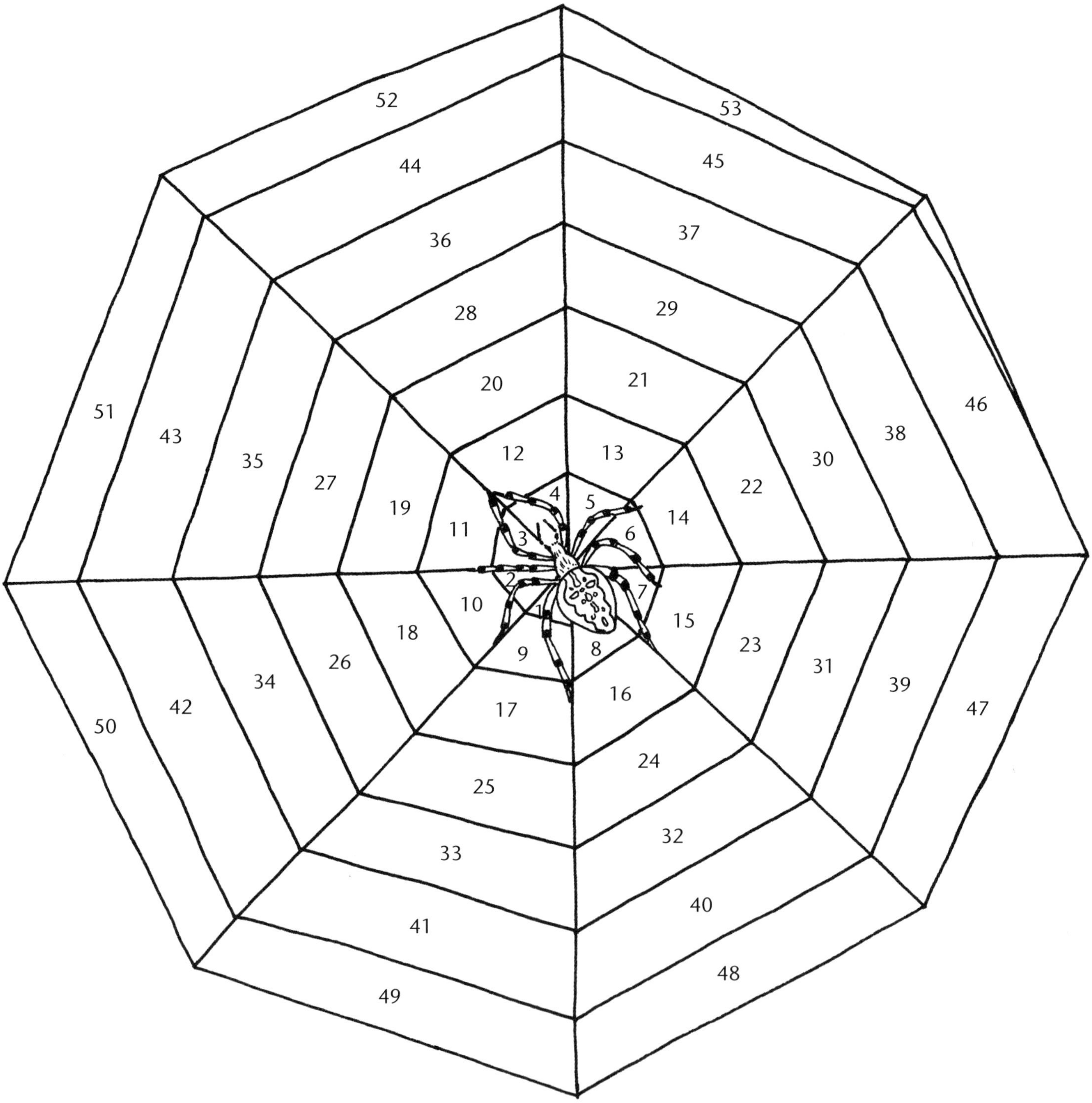

9. Ein Herz für Tiere? – ein Frage- und Ereignisspiel

Spielerzahl:

ab 2 Spielern/Teams (möglichst 2–6)

Spielmaterialien:

- 1 Spielplan (s. Vorlage S. 71, am besten auf DIN A3 vergrößern), 40 Fragekarten (s. Vorlagen S. 72–75), 40 Ereigniskarten (s. Vorlagen S. 76–79), 50 bzw. 100 Herzkärtchen (s. Vorlage S. 80), möglichst 1 kleine Schachtel (zur Aufbewahrung der Herzkärtchen), 1 sechsflächiger Zahlenwürfel (der Würfel sollte die Augenzahlen 1–6 aufweisen), möglichst 1 Würfelbecher, evtl. 50 Blankokarten (s. Vorlage S. 81)
- pro Spieler 1 Spielstein (in jeweils unterschiedlichen Farben)

Tipp: *Die Frage- und Ereigniskarten sowie die Herzkärtchen auf stärkeres, möglichst farbiges Papier (z. B. 120 g, rot = Herzen, grün = Frage, blau = Ereignis), kopieren oder auf Pappe aufziehen, anschließend laminieren und ausschneiden.*

Spielregeln:

Ziel der einzelnen Spieler ist es, im Verlauf des Spiels möglichst viele Herzkärtchen zu sammeln.

Spielvorbereitung:

Die 40 Fragekarten werden separat gründlich gemischt, die 40 Ereigniskarten ebenfalls. Danach werden diese Spielkarten mit der Vorderseite nach unten auf dem Spielplan (auf den dafür vorgesehenen beiden Feldern) als Stapel abgelegt. Die Spieler stellen ihren Spielstein auf dem Spielplan vor dem Feld Nr. 1 auf das Herzfeld.

Spielverlauf:

Während des Spiels sind die Spieler abwechselnd im Uhrzeigersinn an der Reihe. Das jeweils erzielte Würfelergebnis bestimmt, um wie viele Felder der jeweilige Spieler seinen Spielstein auf dem Spielplan im Uhrzeigersinn vorrücken darf. Kommt der Spieler mit seinem Spielstein auf einem markierten Feld zum Stehen, hat der Spieler die Wahl, entweder die oben liegende Fragekarte oder die oben liegende Ereigniskarte zu ziehen.
Entscheidet sich der Spieler für die Fragekarte, muss er die darauf notierte Frage beantworten. Die Aufgabe wird durch den rechts vom befragten Spieler sitzenden Spieler vorgelesen, der auch die Antwort auf Richtigkeit überprüft. Wird die gestellte Aufgabe richtig gelöst, bekommt der befragte Spieler ein Herzkärtchen. Ist die Antwort falsch, muss der betreffende Spieler ein Herzkärtchen – sofern er zumindest ein Herzkärtchen besitzt – zurückgeben. (Dies muss vor Spielbeginn vereinbart werden.)
Wählt der an der Reihe befindliche Spieler die Ereigniskarte, kann er auf ein positives oder negatives Ereignis treffen. Falls auf der Karte ein positives Ereignis (♡+) genannt wird, erhält der Spieler ein Herzkärtchen. Steht ein negatives Ereignis (♥–) auf der Ereigniskarte, so muss er ein Herzkärtchen zurückgeben (s. o.)
Besprochene Frage- und Ereigniskarten werden aus dem Spiel genommen.

Spielsieg:

Die Spieler würfeln sich so immer wieder über die Felder 1 bis 50 des Spielplanes bis alle 40 Frage- und 40 Ereigniskarten im Spiel besprochen worden sind. Auf einem Feld dürfen sich auch gleichzeitig mehrere Spielsteine befinden. Spielsteine dürfen übersprungen werden. Spielsieger wird, wer zum Schluss über die meisten Herzkärtchen verfügt.

Spielvariationen:

- Frage- und Ereigniskarten
  a) Besprochene Frage- und Ereigniskarten werden nicht aus dem Spiel genommen, sondern wieder unter den jeweiligen Stapel gelegt. Spielsieger wird, wer nach einer vorher vereinbarten Anzahl von Runden auf dem Spielplan (eine oder mehrere Runden sind möglich) die meisten Herzkärtchen besitzt.
  b) Weitere Frage- und Ereigniskarten können in das Spiel aufgenommen werden.
  c) Das Spiel wird nur mit Ereigniskarten oder nur mit Fragekarten gespielt.
  d) Für die Beantwortung von Fragen werden keine Antwortmöglichkeiten vorgegeben. Wer eine Frage ohne Hilfestellung löst, erhält zwei Herzkärtchen.
  e) Ereigniskarten mit negativen Ereignissen werden aus dem Spiel genommen.
- Das Spiel wird ohne Spielplan und ohne Würfel bestritten. Wer an der Reihe ist, hat sich entweder für eine Fragekarte oder für eine Ereigniskarte zu entscheiden.
- Das Spiel wird ohne Würfel gespielt. Der Spielplan wird aus 50 Blankokarten (s. Vorlagen S. 81) gebildet. Etwa 25 der 50 Blankokarten werden auf der Rückseite angekreuzt. Alle 50 Blankokarten werden vor Spielbeginn gründlich gemischt und dann mit der Vorderseite nach oben auf einer großen

Spielfläche (z. B. ein großer Tisch) herzförmig ausgelegt (vgl. Spielplan S. 71). Kein Spieler weiß zu Spielbeginn, welche Blankokarten unten angekreuzt sind. Je Spielzug kann der an der Reihe befindliche Spieler mit seinem Spielstein auf dem per Karten gebildeten Spielplan maximal 6 Felder weit vorrücken. Er muss sich für eine der folgenden 6 Blankokarten entscheiden und diese vorübergehend aufdecken. Deckt der Spieler eine angekreuzte Blankokarte auf, hat er die Wahl zwischen einer Fragekarte und einer Ereigniskarte.

- Die vom Spiel „Mensch ärgere dich nicht" her bekannte Rauswurfregel wird in das Spiel aufgenommen.
- Die Spieler dürfen ihren Spielstein auf den Feldern des Spielplans in eine beliebige Richtung ziehen, jedoch darf die Richtung während desselben Spielzuges nicht geändert werden.

9. Ein Herz für Tiere: **Spielplan**

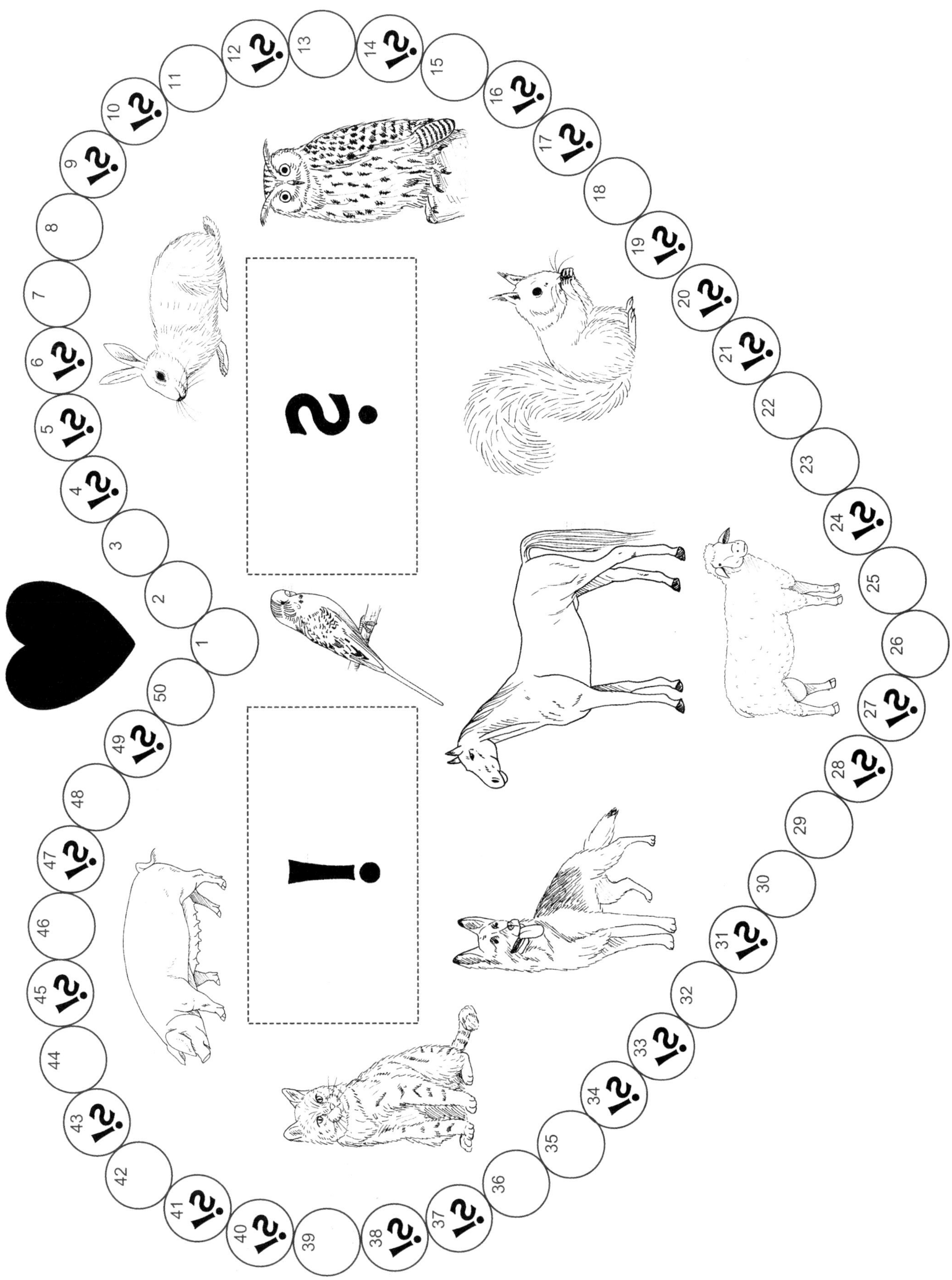

9. Ein Herz für Tiere: **Fragekarten 1**

An welchem Tag im Jahr ist der Welttierschutztag?

a) 4. Mai
b) 4. Juli
c) 4. Oktober

?

Lösung: c) 4. Oktober

Wie viele Tiere von jeder Art nahm Noah mit auf seine Arche

a) 1 Tier
b) 2 Tiere (= 1 Paar)
c) 3 Tiere

?

Lösung:
b) 2 Tiere (= 1 Paar)

In welcher Religion erfahren Tiere die größte Wertschätzung?

a) Christentum
b) Buddhismus
c) Islam

?

Lösung:
b) Buddhismus

Welche Tiere sind den Hindus in Indien heilig?

a) Kühe
b) Pferde
c) Schweine

?

Lösung:
a) Kühe

Wie heißt bei den Christen der Schutzheilige der Tiere?

a) Franz von Assisi
b) Bonifatius
c) Papst Johannes Paul II.

?

Lösung:
a) Franz von Assisi

Von George Orwell stammt ein weltbekannter Tierroman, in dem die Tiere ihr Schicksal selbst bestimmen. Wie heißt der Roman?

a) Ein Platz für Tiere
b) Ein Herz für Tiere
c) Die Farm der Tiere

?

Lösung:
c) Die Farm der Tiere

Welches Tier wurde in Mitteleuropa von den Menschen zuerst gezähmt?

a) Hund
b) Pferd
c) Schwein

?

Lösung:
a) Hund

In welchem Jahrhundert wurde in Deutschland der erste Tierschutzverein gegründet?

a) im 18. Jahrhundert
b) im 19 Jahrhundert
c) im 20. Jahrhundert

?

Lösung:
b) im 19. Jahrhundert (1837)

Wodurch werden Tierschutzvereine in der Regel finanziert?

a) durch Staatsgelder
b) durch Spenden und Mitgliedsbeiträge
c) durch Staatsgelder sowie Spenden und Mitgliedsbeiträge

?

Lösung:
b) durch Spenden und Mitgliedsbeiträge

Wodurch sind Tiere auf der Erde am stärksten gefährdet?

a) durch die Zerstörung des natürlichen Lebensraumes
b) durch Tierversuche
c) durch Jäger

?

Lösung:
a) durch Zerstörung des natürlichen Lebensraumes

9. Ein Herz für Tiere: **Fragekarten 2**

Für welche Tiere forder(te)n neuseeländische Tierschützer (einige) Menschenrechte?

a) für Elefanten
b) für Wale
c) für Affen

Lösung:
c) für große Menschenaffen (Schimpansen, Gorillas, Orang-Utans)

Was ist die Rote Liste?

a) ein Verzeichnis der für den Menschen gefährlichen Tiere
b) ein Verzeichnis der rot oder rötlich aussehenden Tiere
c) ein Verzeichnis der gefährdeten Tier- und Pflanzenarten

Lösung:
c) ein Verzeichnis der gefährdeten Tier- und Pflanzenarten

Welches Tier starb im 17. Jahrhundert in Europa aus?

a) Auerochse
b) Auerhuhn
c) Iltis

Lösung:
a) Auerochse (= Ur)

Was enthält die Kosmetik-Positivliste?

a) Kosmetikhersteller, die ihre Produkte noch immer an Tieren testen
b) Kosmetikhersteller, die keine Tierversuche für ihre Produkte machen
c) Kosmetikhersteller, die keine tierischen Produkte, sondern nur pflanzliche Inhaltsstoffe verwenden

Lösung:
b) Kosmetikhersteller, die keine Tierversuche für ihre Produkte machen

---

In welchem Gesetz der Bundesrepublik Deutschland ist der Schutz von Haus- und Nutztieren geregelt?

a) im Tierschutzgesetz
b) im Bundesnaturschutzgesetz
c) im Tierzuchtgesetz

Lösung:
a) im Tierschutzgesetz

Was steht im Tierschutzgesetz?

a) Ein Tier ist unabhängig von der persönlichen Bindung eine Sache und wertmäßig als solche zu achten.
b) Ein Tier ist ein strafrechtlich geschütztes Tier.
c) Ein Tier ist genauso ein Lebewesen wie ein Mensch.

Lösung:
c) Ein Tier ist genauso ein Lebewesen wie ein Mensch.

Welche Tiere sind durch das Tierschutzgesetz besonders geschützt?

a) Wirbeltiere
b) Wirbellose Tiere
c) Insekten

Lösung:
a) Wirbeltiere

Bis zu wie vielen Jahren Freiheitsstrafe (Gefängnis) kann jemand verurteilt werden, der gegen das Tierschutzgesetz verstößt?

a) bis zu 5 Jahren Gefängnis
b) bis zu 3 Jahren Gefängnis
c) bis zu 2 Jahren Gefängnis

Lösung:
c) bis zu 2 Jahren Gefängnis

In welchem Gesetz der Bundesrepublik Deutschland ist der Schutz der wild lebenden Tiere hauptsächlich geregelt?

a) im Tierschutzgesetz
b) im Bundesnaturschutzgesetz
c) im Grundgesetz

Lösung:
b) im Bundesnaturschutzgesetz

In welcher Vegetationszone leben die meisten Tierarten?

a) in der Tundra
b) in der Taiga
c) im tropischen Regenwald

Lösung:
c) im tropischen Regenwald

9. Ein Herz für Tiere: **Fragekarten 3**

Wieso werden Elefanten illegal von Wilderern gejagt und getötet?

a) wegen des Fleisches
b) wegen der Haut
c) wegen der Stoßzähne

Lösung:
c) wegen der Stoßzähne

Nenne zwei Staaten, die sich weigern, auf den Walfang zu verzichten!

a) Deutschland und Frankreich
b) Japan und Norwegen
c) Österreich und Schweiz

Lösung:
b) Japan und Norwegen

Tierschützer protestieren Jahr für Jahr gegen das Grand National von Aintree. Was ist das?

a) ein Pferderennen
b) ein Hunderennen
c) ein Schweinerennen

Lösung:
a) ein Pferderennen

In welcher Stadt wurde 1973 das internationale Artenschutzübereinkommen (CITES) abgeschlossen?

a) in Berlin
b) in Moskau
c) in Washington

*Hinweis: CITES = **C**onvention on **I**nternational **T**rade of **E**ndangered **S**pecies of Fauna and Flora*

Lösung:
c) in Washington

Auf welchem Erdteil sind die Tiere am besten geschützt?

a) Afrika
b) Australien und Ozeanien
c) Antarktika

Lösung:
c) Antarktika (= der Kontinent der Antarktis)

Was ist ein Gnadenhof?

a) ein Bauernhof für unterschiedlichste Tiere, die von Menschen gequält oder verletzt worden sind
b) ein „Alterssitz" für ausgediente Sport- und Freizeitpferde
c) ein landwirtschaftlicher Hof, auf dem Menschen und Tiere gemeinsam alt werden können und gepflegt werden

Lösung:
b) Ein „Alterssitz" für ausgediente Sport- und Freizeitpferde

---

Was bedeutet die Abkürzung BUND?

a) Bund für Naturschutz
b) Bund für Umwelt und Naturschutz Deutschland
c) Bundeswehr

Lösung:
b) Bund für Umwelt und Naturschutz Deutschland

Was bedeutet die Abkürzung NABU?

a) Naturschutzbund Deutschland
b) Natur- und Artenschutzbund
c) Naturbund

Lösung:
a) Naturschutzbund Deutschland

Welches Tier ist das Wappentier der Naturschutzorganisation WWF (= W̲orld W̲ildlife F̲und)?

a) Taube
b) Pandabär
c) Schlange

Lösung:
b) Pandabär

Welches Tier ist auf dem grünweißen Hinweisschild für Naturschutzgebiete zu sehen?

a) ein Säugetier
b) ein Kriechtier
c) ein Vogel

Lösung:
c) ein Vogel

9. Ein Herz für Tiere: **Fragekarten 4**

Welches der drei genannten Tiere steht in Deutschland unter (besonderem) Naturschutz?

a) Kaninchen
b) Ratte
c) Igel

Lösung:
c) Igel

Sollte man ein Tier als Überraschungsgeschenk aussuchen?

a) Ja, denn man kann mit einem Tier jemandem eine große Freude bereiten. Er gewinnt einen Freund.
b) Nein, denn vielleicht möchte der Beschenkte kein Tier.
c) Ja, weil mit einem Tier das Leben interessanter und lebenswerter wird.

Lösung:
b) Nein, denn vielleicht möchte der Beschenkte kein Tier.

Ein Terrarium ist ein Behälter ...?

a) für kleine Kriechtiere und Lurche
b) für kleine Säugetiere
c) für kleine Vögel

Lösung:
a) für kleine Kriechtiere und Lurche

Eine Voliere ist ein Käfig für ...?

a) Säugetiere
b) Vögel
c) Kriechtiere

Lösung:
b) Vögel

Wie oft muss man einen Hund täglich etwa eine halbe Stunde ausführen?

a) zweimal
b) viermal
c) sechsmal

Lösung:
b) viermal

Wie oft sollten junge Hunde und junge Katzen täglich gefüttert werden?

a) ein- bis zweimal
b) drei- bis viermal
c) fünf- bis sechsmal

Lösung:
b) drei- bis viermal

Wie oft sollten erwachsene Katzen täglich gefüttert werden?

a) ein- bis zweimal
b) drei- bis viermal
c) fünf- bis sechsmal

Lösung:
a) ein- bis zweimal

Wie viele Quadratmeter (m^2) sollte die jederzeit nutzbare Auslauffläche für jedes Huhn bei Freilandhaltung mindestens betragen?

a) 2 m^2
b) 5 m^2
c) 10 m^2

Lösung:
c) 10 m^2

Wie warm sollte das Trinkwasser für Pferde etwa sein?

a) ca. 5 °C
b) ca. 10 °C
c) ca. 15 °C

Lösung:
b) ca. 10 °C

Was sollte bei der Tierhaltung von Hamstern beachtet werden?

a) Hamster leben gern allein (Einzelgänger).
b) Hamster leben gern zu zweit.
c) Hamster leben gern in Gruppen von mehr als 4 Tieren.

Lösung:
c) Hamster leben gern allein (Einzelgänger).

9. Ein Herz für Tiere: **Ereigniskarten 1**

Du entdeckst einen unterernährten Igel und bringst ihn zum Tierarzt oder zu einer Igelstation.

Du lässt im Garten auf den Beeten Laub liegen und bietest damit vielen Kleinstlebewesen, wie z. B. Insektenlarven und Würmern, Überwinterungsmöglichkeiten.

Zum Schutz von Kröten hilfst du Naturschützern, einen Zaun am Rand einer Straße zu errichten.

Wenn deine Eltern dir erlauben, Meerschweinchen zu halten, nimmst du zwei aus dem Tierheim auf.

Du kaufst nur Hühnereier, die von Hühnern in Freilandhaltung gelegt worden sind.

Du gehst mit deinen Tieren zum Tierarzt, wenn sie krank sind.

Du übernimmst die Patenschaft für ein Tier (Hund). Du kannst dann den Hund regelmäßig ausführen oder auch einen Geldbetrag deines Taschengeldes spenden.

Du hilfst Naturschützern, ölverschmutzte Enten zu säubern.

Du kaufst für deinen Wellensittich einen zweiten Wellensittich zur Gesellschaft.

Du fütterst im kalten, schneereichen Winter Vögel in einem trockenen Futterhäuschen mit artgerechtem Vogelfutter.

9. Ein Herz für Tiere: **Ereigniskarten 2**

Du informierst dich in Fachbüchern über die artgerechte Haltung von Tieren.	Du schreibst einen Leserbrief an eine Zeitung, in dem du dich für den Tierschutz einsetzt. Du trittst dafür ein, dass es keine Massentierhaltung mehr gibt.	Du findest ein ausgesetztes Tier und bringst es ins Tierheim.	Du achtest beim Kauf von Toilettenartikeln (Seife, Shampoo usw.) darauf, dass auf dem Etikett „ohne Tierversuche" steht.	Du spendest Geld für eine Tierschutzorganisation.
Du beteiligst dich an einer genehmigten Demonstration gegen stundenlange Tiertransporte von Schlachttieren.	Du möchtest in Zukunft weniger Fleisch essen und dich eher vegetarisch ernähren.	Du setzt dich für die Erhaltung eines Feuchtgebietes ein, in dem (noch) Störche leben.	Du gehst gern in artgerecht angelegte Tierparks, um dich an den Tieren zu erfreuen und damit auch die Erhaltung seltener Tierarten zu fördern.	Du bist sehr tierlieb und möchtest (später) einen Beruf mit Tieren ergreifen.

9. Ein Herz für Tiere: **Ereigniskarten 3**

Du amüsierst dich bei einem Volksfest über Schweinerennen.	Aus Spaß erschreckst du Tiere und läufst hinter ihnen her.
Du hast keine Hundesteuer bezahlt.	Du überfütterst deine Katzen.
Du versuchst deinen Hund durch Anschreien und Androhen (von Schlägen) zu erziehen.	Du isst gern Froschschenkel.
Für dich ist es „schick“, einen Kampfhund (z. B. einen Pitbull) zu besitzen.	Du angelst ohne Erlaubnis Fische.
Erst nachdem du selbst schon gegessen hast, gibst du deinen Haustieren Futter.	Während deiner Ferien in Spanien besuchst du Stierkämpfe.

9. Ein Herz für Tiere: **Ereigniskarten 4**

Du versuchst, Bienen mit Insektenspray zu vertreiben.	Du möchtest zu Hause ein exotisches Tier (Schlange) halten.
Während einer Wanderung findest du im Wald an einem geschützten Platz ein kleines Rehkitz und fasst das Tier an.	Du trägst eine echte Pelzjacke.
Du wirfst die erhaltenen Informationsmaterialien des örtlichen Tierschutzvereins weg, ohne sie zu lesen.	Mit einem Laubsauger beseitigst du im Garten Blätter.
Du kümmerst dich zu wenig um deine Tiere.	Du nimmst an einer Treibjagd auf Hasen oder Füchse teil.
Du hast vergessen, den Vogelkäfig sauber zu machen.	Du züchtest Tiere, um (viel) Geld zu verdienen.

9. Ein Herz für Tiere: **Herzkarten**

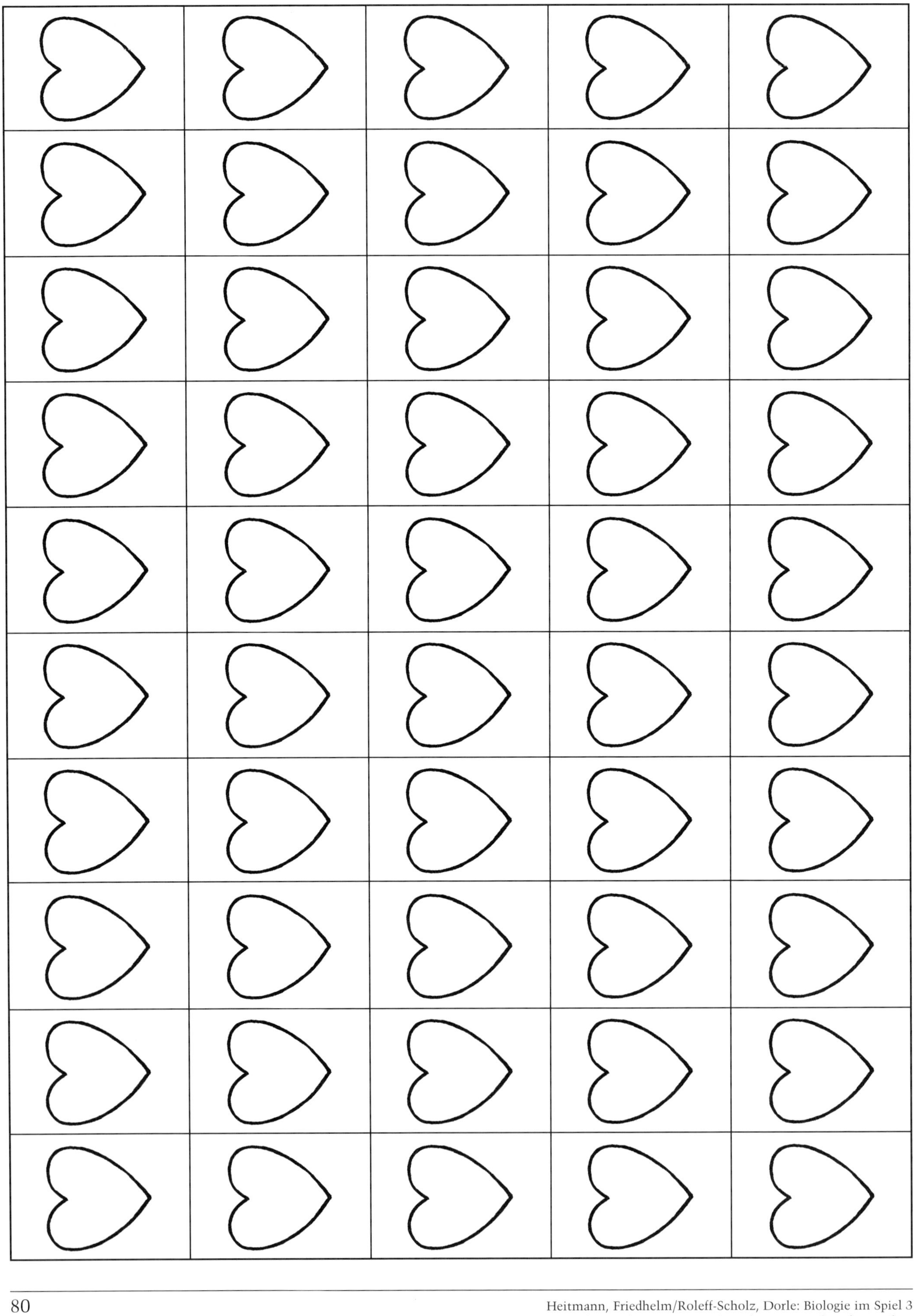

9. Ein Herz für Tiere: **Blanko-Karten**

10. Der Wachtelkönig – ein Rollenspiel

Spielerzahl:

ab 4 Spielern/Teams

Spielmaterialien:

- pro Spieler/Team 1 Rolleninformation (s. Vorlage S. 83)
- für den Spielleiter 1 Informationstext zur Ausgangssituation (s. Vorlage S. 84) sowie 1 Informationstext zur tatsächlichen Entscheidung (s. Vorlage S. 85)
- Stift und Blanko-Papier für Notizen

Spielregeln/Spielablauf:

In diesem Rollenspiel können die Teilnehmer/innen spielerisch politische Entscheidungsprozesse erfahren. Es geht um den Wachtelkönig, einen Vogel, der im Raum Hamburg über mehrere Jahre und auch heute noch die verschiedensten Gremien beschäftigt(e). Es gab zwei konträre Positionen: die einen wollten eine neue Wohnsiedlung bauen und die anderen den Lebensraum des kleinen Laufvogels mit Namen Wachtelkönig erhalten.

In diesem Spiel gibt es Informationen (s. Vorlage S. 83) über die Einstellung der an der Diskussion beteiligten Personen. Die Informationstexte werden kopiert und auseinander geschnitten und an die jeweiligen Spieler dieser Rollen verteilt. Als Einstieg informiert der Spielleiter anhand des Informationstextes (s. Vorlage S. 84) über die Ausgangssituation. Diese Seite kann auch an alle Spieler ausgeteilt werden. Es wird eine Diskussionszeit vereinbart, z. B. 20 Minuten, in der die Rollenspieler ihre Argumente austauschen und auch zu einer Entscheidung kommen müssen. Der Spielleiter hat die Aufgabe, auf die Zeit zu achten und gegebenenfalls Impulse zu geben, falls die Diskussion nicht richtig in Gang kommt. Beispiele für Impulse: „Ich habe auch einen Wachtelkönig in dem Gebiet gehört. – Schon seit drei Jahren suche ich eine neue Wohnung, aber es gibt einfach keine mehr auf dem Wohnungsmarkt, wir können doch nicht so einen kleinen Vogel über den Menschen stellen. – Warum wird die Wohnsiedlung nicht auf einem anderen Gebiet errichtet?" usw.
Ist die vorgegebene Zeit um, drängt der Spielleiter auf eine Entscheidung, möglichst mit Begründung. Nach der Entscheidungsfällung kann der Spielleiter die tatsächlich gefällte Entscheidung bekannt geben. Über diese Entscheidung kann man sich in einer Abschlussrunde austauschen.

Spielsieg:

Einen Sieger gibt es bei diesem Rollenspiel nicht. Der Spielleiter kann eine mündliche Rückmeldung an die jeweiligen Spieler geben, darüber, wie sie ihre Rolle argumentativ vertreten haben.

Internetadressen:

www.lbv.de/crex
www.birdlife.ch/wachtelkoenig/crex_inhalt.html
www.stiftung-naturschutz-hh.de/boberg/tiere/wachtelk.htm
www.cornbrake.net/kuriositaeten.htm

Spielvariationen:

- Man kann die Spieler/Teams in nur zwei Rollen/Gruppen einteilen, die einen sind für den Wachtelkönig, die anderen für den Wohnungsbau. Man lässt einfach per Handzeichen einmal „für" den Wachtelkönig und gegen den Wohnungsbau und einmal „gegen" den Wachtelkönig und für den Wohnungsbau abstimmen. Danach folgt eine Diskussion mit den Rollenvertretern (ca. 15 Minuten), danach lässt man erneut abstimmen und vergleicht die Ergebnisse.
- Dieses Spielprinzip kann auf andere Entscheidungen, z. B. den Bau von Autobahnen durch Naturschutzgebiete, Trockenlegung von Feuchtgebieten zur Umwandlung für Wohnzwecke, übertragen werden.
- Es lassen sich Rollen hinzufügen oder ersetzen, z. B. Investor/Architekt, Gewerbetreiber, Geschäftsinhaber, Ornithologe ...

Heitmann, Friedhelm/Roleff-Scholz, Dorle: Biologie im Spiel 3

10. Der Wachtelkönig: **Rolleninformationen**

1. Rolle: Umweltschützer/in Der Wachtelkönig, lateinisch „Crex crex“ ist ein rebhuhngroßer Vertreter der Rallen. Dieser Vogel ist im Raum Hamburg äußerst selten und europaweit vom Aussterben bedroht. Er steht unter besonderem Schutz einer EU-Richtlinie. Er lebt in dem Naturgebiet, in dem eine Wohnsiedlung entstehen soll. Durch die geplante Grundwasserabsenkung für die mehrjährige Bauphase würde sich die Vegetation derart verändern, dass die Bewegungs- und Brutmöglichkeiten des Wachtelkönigs am Boden stark eingeschränkt würden. Der Wachtelkönig bewegt sich nur am Boden und fliegt äußerst selten. In dem betreffenden Gebiet gibt es noch mehrere Rote-Liste-Arten, die ebenfalls schützens- und erhaltenswert sind und es ist zudem noch Wasserschutzgebiet.	**2. Rolle: Vertreter/in der Stadtentwicklungsbehörde (STEB)** Langjährige Untersuchungen der Behörde haben ergeben, dass in diesem Gebiet ein extremer Mangel an Wohnraum besteht. Familien und Gewerbetreibende brauchen diese Wohnungen. Der Bauentwurf sieht eine „gesunde“ Mischbesiedelung vor. In ein- bis viergeschossigen Gebäuden mit einem Anteil von 40 % Grünfläche können sich Menschen und Tiere gemeinsam wohlfühlen. Wenn hier nicht gebaut werden kann, muss man auf andere Grünflächen ausweichen, die aber nicht so günstig in den Hamburger Raum zu integrieren sind und auch dort würden sich Fauna und Flora verändern.
3. Rolle: Wohnungssuchender Seit nunmehr über einem Jahr sucht er vergeblich eine passende Wohnung im südlichen Raum von Hamburg. Wohnt seitdem zur Untermiete und ist ziemlich unzufrieden. Er möchte mit seiner Freundin eine Familie gründen und braucht dringend eine entsprechende Wohnung, die er verkehrstechnisch erreichen und bezahlen kann. Sehr hoffnungsvoll hat er die Planung des Wohnbauprojektes in dem schönen Naturschutzgebiet verfolgt. Es kann doch nicht angehen, dass ein kleiner Vogel mehr zählt als ein Mensch. Immerhin bekämen 10 000 Menschen neuen Wohnraum und nur ca. 17 Vögel müssten sich einen neuen Lebensraum suchen – das steht doch in keinem Verhältnis.	**4. Rolle: Vertreter/in der SPD** Die Vertreter der SPD sehen die Möglichkeit, den Wachtelkönig durch bauliche Maßnahmen (Zäune, Gräben etc.) vor streunenden Hunden und Katzen zu schützen und das Bauprojekt durchzuführen. Die Wohnungen müssen innerhalb der nächsten zwei Jahre errichtet werden, um den Bürgerinnen und Bürgern, die schon lange auf den Wohnraum warten, gerecht zu werden. Der Wachtelkönig hätte in den verbleibenden Grünflächen immer noch Lebensmöglichkeiten und müsste nicht zwangsläufig verschwinden. Da man den Vogel nur hört und äußerst selten sieht, weiß man nicht genau, wie viele Tiere sich überhaupt in dem Gebiet aufhalten.
5. Rolle: Vertreter/in der Partei „Bündnis 90/Die Grünen“ Es geht den Grünen nicht nur um den Wachtelkönig. Es soll dort eine seelenlose Siedlung gebaut werden. Es droht eine Gettobildung mit sozialem Brennpunkt. Aber natürlich ist man auch gegen die Zerstörung von ökologisch wertvollem Gebiet. In einem EU-Gutachten hat das Gebiet nationale Bedeutung und der Wachtelkönig ist als eine „Prioritäre Art“ einzustufen. In Verknüpfung mit den Vogelschutzrichtlinien fordern die Grünen, das Feuchtgebiet als Schutzgebiet auszuweisen und dort keine Wohnungen zu bauen.	**6. Rolle: Vertreter/in der CDU** Als tierliebender Mensch ist der Vertreter/die Vertreterin für den Schutz unserer Umwelt. Aber auch die Menschen müssen leben dürfen. Dazu brauchen sie Wohnungen und Arbeitsplätze. Deutschland hat im Umweltschutz Großes geleistet. Das soll auch so bleiben. Wir wollen Frösche, Vögel und Pflanzen schützen, aber auch die Menschen. Deshalb brauchen wir nicht nur Nester, sondern auch Wohnungen. Außerdem machen stadtnahe Wohnungen auch ökologisch Sinn: Verkehrsvermeidung ist schließlich auch Umweltschutz.

10. Der Wachtelkönig: **Tatsacheninformation**

Sehen kann man ihn nicht und hören auch nur manchmal, nämlich im Mai und Juni, wenn Balzzeit ist: Dann ist nachts gelegentlich ein Schnarren zu hören.

Er ist äußerst scheu, nur 27 Zentimeter groß und sorgt in Hamburg mächtig für Wirbel. Ca. 17 Wachtelkönige, vom Aussterben bedroht, blockieren ein riesiges Wohnprojekt des Hamburger Senats. 3 000 Wohnungen für 10 000 Menschen sollen auf einem 150 Hektar großen Niedermoorgürtel am Stadtrand Hamburgs entstehen.

Genau dort, wo die seltenen Vögel leben und brüten. Hamburg platzt aus den Nähten. In den letzten sieben Jahren sind 130 000 Menschen mehr in die Stadt gekommen und die brauchen Wohnungen. Zwischen unterschiedlichen Interessen muss hier abgewogen werden. Die betroffenen Parteien haben einen Termin vereinbart, um sich zu treffen und nach einer Diskussion eine Entscheidung herbeizuführen.

An dieser Entscheidungsrunde nehmen folgende Vertreter teil:

Umweltschützer/in, Stadtentwicklungsbehörde, Wohnungssuchende/r, Vertreter/innen der politischen Parteien (SPD, Bündnis 90/Die Grünen und CDU).

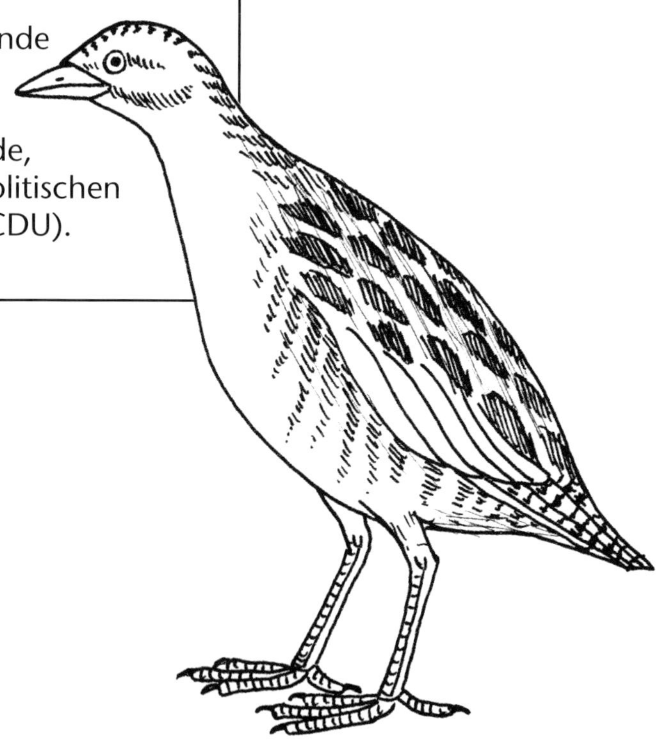

Triumphzug des Wachtelkönigs!

Wachtelkönig siegte

Bereits im November 1993 stimmte die **Stadtentwicklungsbehörde** dem Wohnungsbauprojekt zu. 1995 entdeckte die **GAL***, dass 23 Tier- und 21 Pflanzenarten bedroht sind. Im Februar 1996 stellte der **Naturschutzbund** fest, dass der Wachtelkönig unter den bedrohten Tierarten ist. Das bedeutet: die EU-Vogelschutzrichtlinien gelten, Brüssel muss mit entscheiden. Der Wachtelkönig hatte bereits Projekte in der Schweiz und in Spanien gekippt.
Trotzdem stimmte die Bezirksversammlung Harburg im April 1996 dem Wohnungsbauprojekt zu. Im Mai 1996 hörten **Naturschutzexperten** vor Ort mindestens zwei Wachtelkönige. Im Juli 1996 kam ein 35.000 DM-Gutachten zu der Aussage, dass das Wohnungsbaugebiet ökologisch wertvoll ist. Es gab weitere Ohrenzeugen-Meldungen über 17 Wachtelkönige. Im September 1996 beschloss der Senat Spezialbrücken, Wassergräben und Sonderzäune gegen Hunde und Katzen rund um das geplante Baugebiet zu errichten.
1997 wurde das geplante Wohnungsbauprojekt (3000 Einheiten für 10000 Menschen) in Neugraben-Fischbek am Koalitionstisch endgültig aufgegeben.

* Grün-Alternative-Liste = Bündnis 90/Die Grünen/Hamburg

Zahlreiche Schlagzeilen wie „Ein Vogel verhindert Wohnungsneubau", „Triumphzug des Wachtelkönigs", „Wachtelkönig siegte" machten den kleinen braunen Vogel aus der Familie der Rallen weit über die Grenzen Hamburgs hinaus bekannt als „den politischsten Vogel der Welt, der in langjährigem Kampf den Hamburger Wohnungsbau verhinderte".

Baustreit – und wieder krächzt der Wachtelkönig

Immer noch ist er sehr selten, kaum einer hat ihn gesehen, viele haben ihn aber gehört und doch scheint er allgegenwärtig. Jetzt soll er mit seinem deutlichen Ruf, dem Crex-Crex, auch in der Nähe des Wohldorfer Waldes gehört worden sein, dort, wo die Stadt Hamburg 250 Einfamilienhäuser errichten möchte. Bürgerinitiativen und Naturschützer sind bereits aktiv und haben ein ökologisches Gutachten in Auftrag gegeben. Und auch die Presse verfolgt die Streitigkeiten wieder mit wachsendem Interesse: „Baustreit – und wieder krächzt der Wachtelkönig". Man darf auf die Ergebnisse gespannt sein.

11. Wer? Was? Warum? – ein Frage- und Antwortspiel

Spielerzahl:

2–6 Spieler/Teams

Spielmaterialien:

- 60 Spielkarten (= 10 Wer-Karten, 10 Was-Karten, 10 Warum-Karten, 10 Wie-Karten, 10 Wann-Karten, 10 Wo-Karten, s. Vorlage S. 88); evtl. 1 sechsflächiger Zahlenwürfel (Augenzahlen 1–6) und 1 Würfelbecher
- evtl. 1 Schreibstift und Blanko-Papier bzw. Kreide und Wandtafel, um die Punkte der Spieler zu notieren
- evtl. beschriftete Spielkarten (s. Blanko-Vorlage S. 89)
- pro Spieler/Team evtl. 1 Spielstein (in jeweils unterschiedlichen Farben)

Tipp: *Die Spielkarten auf stärkeres Papier (z. B. 120 g) kopieren oder auf Pappe aufziehen, anschließend laminieren und ausschneiden.*

Spielregeln:

Die 60 Spielkarten (s. Vorlage S. 88) werden intensiv gemischt und danach verteilt. Jeder Spieler/jedes Team bekommt dieselbe Anzahl an Spielkarten auf die Hand.

Während des Spiels sind die Spieler/Teams mit Fragerecht und Antwortrecht abwechselnd im Uhrzeigersinn an der Reihe. Wer mit einer Fragestellung an der Reihe ist, sucht sich eine Fragekarte aus, die er auf der Hand hat. Es gilt, bezogen auf ein mehr oder minder begrenztes Thema (z. B. Weichtiere) eine Frage zu stellen, die mit dem jeweils vorgegebenen Fragewort (Wer ...?, Was ...?, Warum ...?, Wie ...?, Wann..?, Wo ...?) beginnt. Wie die Frage genau lautet, bleibt im Weiteren dem Frager überlassen. Reihum hat jeweils der nächstfolgende Spieler/das nächstfolgende Team das Antwortrecht, zuerst der/das unmittelbar links vom Fragenden sitzende Spieler/Team.

Wer die Frage zuerst richtig beantwortet, darf die jeweilige Spielkarte in Besitz nehmen und neben sich ablegen. Der fragende Spieler/das fragende Team darf die Spielkarte selbst in Besitz nehmen, wenn die Frage von keinem anderen Spieler/Team beantwortet worden ist. Voraussetzung für die Inbesitznahme der Spielkarte ist: Der fragende Spieler/das fragende Team muss selbst die Antwort zu der von ihm gestellten Frage wissen.

Spielsieg:

Es wird so lange gespielt, bis alle 60 Spielkarten in Besitz übergegangen sind. Wer zum Schluss die meisten Spielkarten besitzt, ist Spielsieger.

Alternativ: Das Spiel gewinnt, wer zuerst eine bestimmte, vor Spielbeginn vereinbarte Anzahl von Spielkarten (z. B. 5) besitzt oder Spielgewinner ist, wer zuerst von jeder Sorte eine Spielkarte (= 1 Wer-Karte, 1 Was-Karte, 1 Warum-Karte, 1 Wie-Karte, 1 Wann-Karte, 1 Wo-Karte) in Besitz genommen hat.

Spielvariationen:

- Alle 60 Spielkarten liegen zu Spielbeginn als Stapel (verdeckt) mit der Rückseite nach oben übereinander. Maßgebend ist die jeweils oben liegende Spielkarte.
- Alle 60 Spielkarten liegen zu Spielbeginn nebeneinander offen aus. Der Themenbereich, z. B. Weichtiere, wird vorher festgelegt. Wer das Fragerecht besitzt, darf sich eine beliebige noch unbeantwortete Fragekarte aussuchen.

11. Wer? Was? Warum? – **ein Frage- und Antwortspiel**

- Alle 60 Spielkarten liegen, z. B. in 6 Reihen à 10 Karten, offen aus. Jeder Spieler verfügt über einen Spielstein, den er auf dem per Spielkarten gebildeten Spielplan bewegt. Entsprechend des jeweils erzielten Würfelergebnisses darf der eigene Spielstein beim eigenen Spielzug auf dem Spielplan (geradlinig) verschoben werden. Zu der Spielkarte, auf der der Spielstein zum Stehen kommt, ist jeweils eine Frage zu formulieren und zu beantworten. Beantwortete Spielkarten werden umgedreht, bleiben aber liegen. Erzielte Punkte werden aufgeschrieben.
- Variante (ohne Würfel): Von Spielzug zu Spielzug darf der Spielstein nur auf eine direkt benachbarte Spielkarte gezogen werden.
- Das Spiel wird mit Spielkarten bestritten, die noch beschriftet werden müssen (s. Blanko-Vorlage S. 89). Spielvorbereitung: Je Spielkarte werden von den Spielern/Teams 5 Fragen, z. B. zu einem festgelegten Thema (Weichtiere ...), notiert. Im Verlauf des Spiels bestimmt das jeweils erzielte Würfelergebnis, welche Frage der jeweiligen Spielkarte zu beantworten ist: Augenzahl 1 → Frage Nr. 1, Augenzahl 2 → Frage Nr. 2 usw. Wer eine „6" würfelt, darf die Spielkarte in Besitz nehmen, ohne eine Frage beantworten zu müssen. Die Formulierung von Fragen auf den Spielkarten kann durch Schüler(innen) als „Hausaufgabe" erfolgen!

Beispiele zum Thema Weichtiere:

1. Wer weiß, was ein Oktopus ist?	Ein Oktopus ist ein achtarmiger Tintenfisch.
2. Was ist die Radula?	Die Radula ist die Raspelzunge bei Schnecken.
3. Warum gibt es in Deutschland immer mehr Nacktschnecken?	Sie haben keine natürlichen Feinde und können sich bei feuchter Witterung stark vermehren.
4. Wie atmen Muscheln und Landschnecken?	Muscheln atmen mit Kiemen und Landschnecken mit einfachen Lungen.
5. Wann stößt ein Tintenfisch den dunklen Farbstoff aus?	Bei Gefahr stößt er ihn aus, um unerkannt fliehen zu können.
6. Wo leben Weinbergschnecken?	Sie leben auf Wiesen, in Büschen, am Wegesrand, überall, wo es feucht ist.

11. Wer? Was? Warum?: **Spielkarten 1**

Warum?	Wo?
Was?	Wann?
Wer?	Wie?

11. Wer? Was? Warum?: **Blanko-Karten**

Wer-Fragen	**Was-Fragen**	**Warum-Fragen**
1)	1)	1)
2)	2)	2)
3)	3)	3)
4)	4)	4)
5)	5)	5)

Wer-Fragen	**Was-Fragen**	**Warum-Fragen**
1)	1)	1)
2)	2)	2)
3)	3)	3)
4)	4)	4)
5)	5)	5)

12. Tierisch heiter – ein Scherzquiz

Spielerzahl:

ab 2 Spielern/Teams

Spielmaterialien:

- pro Spieler/Team evtl. 1 Fragenkatalog (s. Vorlagen S. 91 und 92) und 1 Schreibstift zum Notieren der Antworten
- für den Spielleiter 1 Fragen- und Antwortkatalog (s. Vorlagen S. 91–93), 1 Schreibstift und Blanko-Papier bzw. Kreide und Wandtafel zum Notieren der von den Spielern erzielten Punkte

Spielregeln:

Die vorliegenden Scherzfragen werden den Spielern durch einen neutralen Spielleiter (z. B. den Lehrer) entweder vorgelesen oder als Arbeitsblatt ausgehändigt. Derjenige Spieler, der eine Frage „richtig" bzw. als Erster „richtig" beantwortet, erhält jeweils 1 Punkt.

Spielsieg:

Das Spiel gewinnt, wer nach Ende einer vereinbarten Spielzeit (z. B. 30 Minuten) bzw. nach einer festgelegten Anzahl von Scherzfragen (z. B. 25 Fragen) über die meisten Punkte verfügt.

Spielvariationen:

Weitere biologische Scherzfragen werden in das Spiel einbezogen.

12. Tierisch heiter: **Scherzfragen 1**

1) Wieso trinken Mäuse keinen Alkohol?

2) Welche Mäuse könnten (am ehesten) bei der Lufthansa beschäftigt sein?

3) Für welches Tier arbeitet der Mensch am häufigsten?

4) Welches Tier hat vor dem Zylinder Angst?

5) Was macht ein Hamster im Supermarkt?

6) Welche Tiere haben Hühneraugen?

7) Warum legen Hühner Eier?

8) Welcher Hahn kann nicht krähen?

9) Welche/s Wort/e gebraucht eine Truthenne, wenn sie einen Truthahn (an)locken will?

10) Welche Tiere werden von Journalisten immer wieder in die Welt gesetzt?

11) Welche Tiere gehen mit Hunden gern spazieren?

12) Aus welchem Grund dürfen Pferde nicht Schneider werden?

13) Welche Tiere werden in der Bäckerei verkauft?

14) Wer ist grün, hat 4 Beine, lebt am Teich und macht „wau-wau"?

15) Welcher Vogel hat keine Federn und keine Flügel?

16) Welche Vögel brauchen „Schläge"?

17) Wie wird Storch ohne „o" geschrieben?

18) Welches Tier tritt im Fernsehen am meisten auf?

19) Welche Unken werden von der Polizei gesucht?

20) Welche Mücke fängt Fliegen?

21) Wieso können Zugvögel nicht per Anhalter reisen?

22) Welcher Sekt wird nicht getrunken?

23) Welches Tier spricht lateinisch?

24) Welches Tier sagt zu seinen Kindern: „Husch, husch ins Brettchen"?

25) Welcher Wurm hat eine menschliche Gestalt?

12. Tierisch heiter: **Scherzfragen 2**

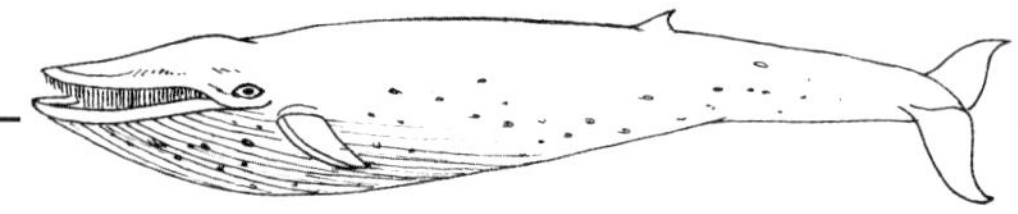

26) Welches Tier macht 999-mal „tick“ und 1-mal „tack“?

27) Welches Tier geht aus, bleibt aber dennoch immer im Haus?

28) Welche Tiermutter ermahnt ihre Kinder: „Schwimm immer gerade, sonst wirst du ein Rollmops“?

29) Welcher Fisch besitzt ein Kabel?

30) Wer hat zwei Löffel, benutzt sie aber nicht zum Essen?

31) Welche Löwen können am besten schwimmen?

32) Mit welchem Ross darf man nicht an Reitturnieren teilnehmen?

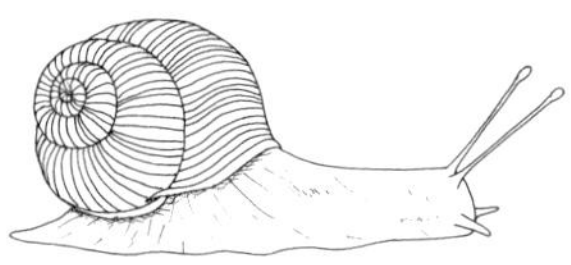

33) Welches Tier lebt ständig im Tran?

34) Wann legt der Wal Eier?

35) Was hat der Tiger vorn, der Elefant aber hinten?

36) Welche Zelle läuft am schnellsten?

37) In welchem Tier steckt ein „Pirat“?

38) Welches Tier versteckt sich in einem Getränk?

39) Welcher Affe ist ein „Fernsehturm auf Beinen“?

40) Warum sollte ein Mensch, der fleißig wie eine Biene ist, wie ein Pferd rackert und abends müde wie ein Hund ist, einen Tierarzt aufsuchen?

41) Was macht ein Ostfriese, wenn er im Urwald eine Schlange sieht?

42) Was macht ein Flamingo, wenn er auf einem Bein steht?

43) Wie nennt man einen laufenden Kaktus?

44) Wie bekommt man das Alter einer Schildkröte heraus?

45) Welche Tiere sind die besten Schauspieler?

46) Welches Tier möchte sich keiner aufbinden lassen?

47) Welcher „Bär“ kann fliegen?

48) Vor welchem Geier fürchten sich die meisten Geschäftsleute?

49) Was ist bei einem Chamäleon groß, einem Elch jedoch klein?

50) Welche vierbeinigen Rasenmäher werden an Deichen eingesetzt?

12. Tierisch heiter: **Lösungen**

1) Die Mäuse haben Angst vor dem Kater.
2) Fledermäuse, denn sie können fliegen und sie finden sich gut im Dunkeln zurecht.
3) „Für die Katz(e)“ (= Redewendung)
4) Kaninchen, denn es fürchtet sich vor dem Zylinder des Zauberers.
5) Hamsterkäufe
6) Hühner natürlich!
7) Wenn die Hühner die Eier z. B. werfen würden, würden die Eier kaputtgehen.
8) Wasser**hahn**
9) „Computer!“
10) Enten; Enten = Gerüchte, Falschmeldungen in Funk und Presse
11) Flöhe
12) Pferde fressen das Futter auf.
13) Stuten; Stuten = u. a. längliches Weißbrot
14) Ein Frosch, der eine Fremdsprache spricht.
15) Der Spaßvogel hat weder Federn noch Flügel.
16) Tauben; Schlag = u. a. Taubenhaus
17) Adebar
18) Star
19) Hal**unken**
20) Grasmücke (= Vogel)
21) Zugvögel besitzen keine Daumen, um Autos anzuhalten.
22) In**sekt** (= Krebstier)
23) Die Biene, denn sie „sagt“ ja „sum – sum – sum …“ (lateinisch = ich bin).
24) Holzwurm
25) „Bücherwurm“
26) Ein Tausenfüßler, der ein Holzbein hat.
27) Schnecke
28) Heringsmutter
29) **Kabel**jau
30) Hase
31) See**löwen**
32) Walross
33) Wal
34) Überhaupt nicht, denn er ist ein Säugetier.
35) Buchstabe „t“
36) Ga**zelle** (= Antilopenart)
37) Im Tapir (= Huftier), denn durch Buchstabenumstellung ergibt sich aus dem Wort „Pirat“ der Tiername „Tapir“.
38) Ein Affe, denn der Tiername ist im Getränk „K**affe**e“ enthalten.
39) Gir**affe**
40) Vielleicht wird der Tierarzt feststellen, dass der Mensch ein „Kamel“ ist.
41) Der Ostfriese stellt sich hinten an.
42) Der Flamingo hebt das andere Bein hoch.
43) Igel
44) Ganz einfach: Man zählt die Anzahl der Kerzen auf der Geburtstagstorte der Schildkröte.
45) Affen, denn sie können ja ein „Affentheater“ (= Redewendung) machen.
46) Einen Bären (= Redewendung)
47) Der Braune Bär (= Schmetterling) kann fliegen.
48) Pleite**geier**
49) Buchstabe „c“
50) Schafe